高压辊磨工艺及应用

HPGR Technology and Application

杨松荣　编著

北　京
冶　金　工　业　出　版　社
2021

内 容 提 要

本书从工程应用的角度，系统地介绍了高压辊磨工艺的特点、适用条件、理论基础，高压辊磨机的工作原理和结构特点、影响因素、经济特性等，并结合国内外生产实际情况，以实例的形式对高压辊磨机的应用进行了详细的分析和论述。

本书可供矿物加工领域从事科研、工程设计，特别是生产矿山采用高压辊磨工艺的技术人员及高等院校的师生阅读参考。

图书在版编目 (CIP) 数据

高压辊磨工艺及应用 /杨松荣编著. —北京：冶金工业出版社，2021. 11

ISBN 978-7-5024-8960-1

Ⅰ. ①高… Ⅱ. ①杨… Ⅲ. ①高压操作（冶金炉）—辊磨 Ⅳ. ①TF068

中国版本图书馆 CIP 数据核字（2021）第 230762 号

高压辊磨工艺及应用

出版发行	冶金工业出版社	电　话	(010)64027926
地　址	北京市东城区嵩祝院北巷 39 号	邮　编	100009
网　址	www. mip1953. com	电子信箱	service@ mip1953. com

责任编辑　张熙莹　美术编辑　彭子赫　版式设计　郑小利
责任校对　石　静　责任印制　禹　蕊
北京捷迅佳彩印刷有限公司印刷
2021 年 11 月第 1 版，2021 年 11 月第 1 次印刷
710mm×1000mm　1/16；13.5 印张；1 彩页；262 千字；202 页

定价 89. 00 元

投稿电话　(010)64027932　投稿信箱　tougao@cnmip. com. cn
营销中心电话　(010)64044283
冶金工业出版社天猫旗舰店　yjgycbs. tmall. com
（本书如有印装质量问题，本社营销中心负责退换）

作者简介

杨松荣，1957年生，山东莱州人，工学博士，教授级高级工程师，中国黄金集团建设有限公司原总工程师，先后就读于东北工学院（现东北大学）、中南大学。1982年大学毕业后分配至北京有色冶金设计研究总院（现中国恩菲工程技术有限公司）选矿室工作，一直从事冶金矿山工程的设计、咨询和试验研究工作，先后担任过室（所）副主任（副所长）、矿山分院副院长、院长、中国恩菲工程技术有限公司副总工程师，中铝海外控股有限公司技术总监。先后兼任过中国黄金协会理事，北京金属协会理事，中国有色金属学会选矿学术委员会副主任委员，中国矿业联合会选矿委员会副主任委员，全国勘察设计注册采矿/矿物工程师（矿物加工）执业资格考试专家组组长。

30多年来，先后参加了中国德兴铜矿、巴基斯坦山达克铜金矿、伊朗米杜克铜矿和松贡铜矿、亚美尼亚铜工业规划、赞比亚谦比西铜矿、越南生权铜矿、中国冬瓜山铜矿、阿舍勒铜锌矿、尹格庄金矿、烟台黄金冶炼厂生物氧化厂、金川有色公司选矿厂和白音诺尔铅锌矿、蒙古奥云陶勒盖铜矿、中国白象山铁矿、普朗铜矿、多宝山铜矿、会宝岭铁矿、澳大利亚Sino铁矿、巴新瑞木红土矿、金堆城钼矿、东沟钼矿、三山岛金矿、秘鲁Toromocho铜矿等多项大型矿山的选矿工程及20余项中小型选矿工程的咨询设计工作。

曾获国家科技进步奖一等奖1项，部级科技进步奖二等奖1项。国家优秀设计奖银奖1项、铜奖1项，部级优秀设计奖一等奖1项、二等奖1项，在国内外发表论文多篇、英文和日文的译文多篇，获国家发明专利1项、实用新型专利3项。出版了《含砷难处理金矿石生物氧化工艺及应用》《碎磨工艺及应用》《浮选工艺及应用》及《自磨半自磨磨矿工艺及应用》四部专著，作为总编编辑出版了《全国勘察设计注册采矿/矿物工程师执业资格考试辅导教材（矿物加工专业）》一书。

前　　言

本书是笔者对本人执笔的《碎磨工艺及应用》（冶金工业出版社，2013 年）中高压辊磨机一节内容的补充，重点在于论述高压辊磨工艺及其应用。

节能是当今世界一个无可回避的重要问题。随着社会的进步和发展，人类赖以生存的地球也在发生变化，为了保护地球这个绿色家园，人类正在朝着全球绿色低碳转型的方向努力。我国也提出要提高国家自主贡献力度，采取更加有力的政策和措施，二氧化碳排放力争在 2030 年前达到峰值，努力争取 2060 年前实现碳中和。

矿产资源是人类生活基础材料的主要来源，这些资源的开发所需的能量也是巨大的，如美国目前每年用于所有矿物类型的爆破、破碎和磨矿的能耗约为 150 亿千瓦时，约占美国总发电量的 1%（全球范围内相应的数据约为 2%）。在这些消耗的能源中，仅铜矿石和铁矿石就几乎消耗了一半。除了设备直接使用的能耗之外，用于生产碎磨设备中使用的介质、衬板和其他耐磨件等耗材（每年约 50 万吨）还需要 18 亿千瓦时的能耗。因此，如何提高矿产资源开发中所使用的能量效率一直是一个重要的课题。

在 20 世纪 80 年代末，高压辊磨机作为一种新型的高能效破碎设备进入了矿物加工领域，在经过了一段时间的改进调整和适应过程之后，开始逐渐显示出其特有的高能效破碎节能效果，特别是在硬岩破碎领域。

　　高压辊磨机的结构和原理均不同于常规的破碎机，正如同自磨机和半自磨机结构不同于球磨机，不能像使用球磨机那样来使用自磨机和半自磨机一样，不能像使用常规的圆锥破碎机那样来使用高压辊磨机，否则不但难以发挥其最大效益，使用的效果也会适得其反。

　　笔者在访问了国内一些高压辊磨机的用户并与用户交流之后，觉得有必要把自己所知道和了解的关于高压辊磨机如何使用的内容结合工程设计的经历写出来，以期能对国内使用高压辊磨机的用户及其在国内硬岩矿山的推广应用有所帮助。

　　本书根据内容的不同分为上篇和下篇：上篇为高压辊磨工艺（第1~5章），结合工程应用，比较系统地介绍了多碎少磨的概念，对高压辊磨工艺目前的应用状况、适用条件、试验要求、节能的原理、结构及能力计算、生产运行的影响因素及控制原理等与高压辊磨机生产运行控制密切相关的主要内容进行了详细的论述；下篇为生产实践（第6~9章），介绍了国外几个采用高压辊磨工艺的典型硬岩矿山的生产实例。

　　在本书的编写过程中，参阅了大量相关的国内外资料、书籍和会议论文，谨向所有本书中所涉及的参考文献的作者表示衷心的感谢！

　　书中的观点如有不正确之处，欢迎批评指正。

杨松荣

2021 年 7 月

目　　录

上篇　高压辊磨工艺

下篇　工 业 实 践

上　篇
高压辊磨工艺

1　绪　　论

今天，矿物加工技术人员所面临的最大挑战之一是工业上碎磨回路高能效工艺的设计和运行。碎磨作业成本占选矿厂运行成本的 50%~70%，碎磨作业投资占选矿厂投资的 50%~60%。这些费用与目前碎磨设备的平均能效不到 5% 这种现实结合起来，清楚地说明了合理和创造性地使用碎磨设备以增加选矿运行效益的重要性。

在过去几十年里，采用半自磨工艺的选矿厂设计已经取代了常规的多段破碎和棒磨机/球磨机磨矿回路，成为了优先采用的碎磨工艺。采用半自磨工艺的回路更简单，投资和整体的运行成本更低（尽管在一些处理难磨矿石的情况下其利用碎磨能量的效率较低）。半自磨工艺处理湿、黏、富含黏土的矿石及其氧化矿石是很理想的工艺，其取消了传统工艺处理此类物料所需的洗矿车间。

但是，随着易处理矿石的逐渐耗尽，更硬、更难磨的原生矿石成为处理的主要目标，从经济和环保的角度来看，能效正在逐渐变得越来越受关注。这些矿石采用自磨机/半自磨机也许是可以处理的，但随着矿石耐磨性的不断增加，这种处理方式对矿石从粗粒降低到合格粒级的能量利用上会逐渐变得更低效。

因此，从一定程度上讲，高压辊磨工艺引入硬岩破碎领域代表着传统的破碎—球磨磨矿回路概念的回归，与采用半自磨工艺的回路相比，所增加的回路复杂性可以由高压辊磨机的高能效来补偿。

1.1　多碎少磨的概念

多碎少磨（也称为碎磨节能）的概念出现于 20 世纪 70 年代末。在此之前，常规破碎磨矿流程是矿山广泛采用的碎磨流程，多为"三段（或二段）一闭路破碎+磨矿"流程。原矿的粗碎采用旋回破碎机或颚式破碎机破碎，中碎和细碎采用弹簧（或液压）圆锥破碎机，破碎回路的最终产品 P_{80} 一般为 12~20mm。

20 世纪 70 年代，位于巴布亚新几内亚的布干维尔岛上的当时世界上最大的选矿厂——布干维尔铜业有限公司（Bougainville Copper Limited）所属的布干维尔铜矿选矿厂（处理能力 135000t/d），原设计采用的碎磨流程为常规的破碎磨矿流程。随着开采深度的增加，所处理的矿石逐渐变硬，导致处理能力下降，磨矿效率降低。为了解决这个问题，选矿厂开始在原有常规破碎流程的基础上，对中碎和细碎圆锥破碎机结构进行改造，以寻求降低破碎回路的产品粒度，提高单台设备的破碎力和设备的运转率，达到提高产能的目的。他们把现有的正在运行的弹簧圆锥破碎机，采用加大破碎机功率的方式，从原来的每台 225kW 的驱动功率，通过更换电机逐渐加大到 261kW、298kW、373kW。同时，把圆锥破碎机的给矿方式由原来的给矿量控制改为功率控制，实行挤满给矿，极大地提高了破碎机的处理能力，降低了破碎产品的粒度。与此同时，由于改造只是增加了破碎机的驱动功率，增大了其破碎能力，没有对破碎机本身的结构强度进行提高和改进，使得原有破碎机的结构在超强度条件下运行，造成破碎机过早疲劳破坏，导致了频繁的破碎机断轴、机体开裂等现象的发生，如图 1-1 和图 1-2 所示。

图 1-1 布干维尔选矿厂圆锥破碎机断裂的主轴[1]

图 1-2 布干维尔选矿厂圆锥破碎机开裂的机体[1]

在此情况下，为了适应和满足生产的需要，选矿厂与设备制造商合作先后做了以下改进：

（1）改进了圆锥破碎机的结构，型号由原来的 HD（heavy duty）型改为 XHD（extra heavy duty）型，后来又改为 SXHD（super extra heavy duty）型，从

此出现了超重型破碎机的称谓。

（2）改进破碎机结构的同时，调整原有破碎流程，在预先筛分和中碎圆锥破碎机之间又增加了一个 3min 容量的缓冲矿仓以调整破碎机的给矿强度，改善电动机的负荷状况，由此出现了中、细碎圆锥破碎机采用挤满给矿和功率控制的控制策略。

（3）缩小检查筛分筛网的孔径，从原来的 14mm×14mm，先后改为 11mm×11mm、9mm×9mm。

在以上类似措施的不断改进之后，布干维尔选矿厂破碎回路最终产品的粒度 P_{80} 从原来的 9mm 降低到 6mm 左右，磨机台效提高了 7%，成为当时世界上采用"多碎少磨"成功的第一个实例。

在布干维尔选矿厂成功地把传统的常规破碎磨矿流程改造成节能的多碎少磨流程之后，我国于 20 世纪 70 年代末到 80 年代初开始前期工作的德兴铜矿三期工程借鉴其成功的经验和教训，设计采用了多碎少磨的碎磨流程。该项目于 20 世纪 80 年代中期开始建设，1990 年成功地投产了当时世界上第一个设计采用多碎少磨节能新工艺的大型选矿厂——德兴铜矿大山选矿厂，设计规模 60000t/d，破碎回路最终产品粒度 P_{80} 为 7mm。

伴随着矿业技术的发展和进步，超重型破碎机逐步演变为今天的 HP 型和 MP 型破碎机。

研究也表明，在常规破碎范围内，能量随粒度减小的变化率是很小的；而在常规磨矿范围内，磨矿所需单位能耗随粒度减小急剧增加（见图 1-3）[2]。因此，工业生产中将常规磨矿的给料粒度尽可能减小是非常经济的。另外，通过对玻璃球在钢挡圈和明胶两种环境中粉碎比不同的研究，对两种破碎环境的粒子采用相同的能量，认为在球磨机中磨出同样破碎比的产品，所需能量为破碎到同样破碎比的破碎能量的 4.75 倍，这就清楚地表明，在破碎机中使用的粉碎能量比在磨矿机中更有效[3]。

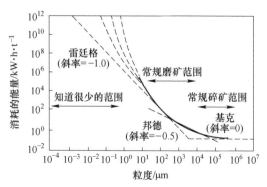

图 1-3 在粉碎作业中能量输入与颗粒粒度的关系

1.2　高压辊磨机在硬岩矿山的应用

进入 21 世纪以来，随着对能源需求的重视、高压辊磨机应用技术的成熟和其独有的特点，高压辊磨机在硬岩金属矿山的采用引起越来越多的重视[1]。

实际上，将原来多碎少磨流程中的第三段圆锥破碎机由高压辊磨机替代，则形成了新的多碎少磨流程。对矿石采用强制高压，使其碎裂，该破碎流程的最终产品粒度将由原来的 P_{80} 为 8~10mm 经济地降低到 5~6mm（或 3~4mm 甚至更低），同时由于其产生的高压应力作用，还使矿石的磨矿功指数有所降低。

1.2.1　高压辊磨机的应用情况

高压辊磨机（high pressure grinding roll，HPGR）是德国的 K. Schonert 教授在20 世纪 70 年代末在密实料层中对单颗粒和多颗粒层进行破碎物理学基础研究时所提出的成果。

高压辊磨机最早应用于 20 世纪 80 年代，最初主要是在水泥行业。1985 年，世界上第一台高压辊磨机诞生并应用于水泥行业，用于破碎炉渣和原料。1988年，在南非的 Premier 金刚石矿，安装了一台高压辊磨机，用于破碎金伯利岩。1990 年，在澳大利亚的 Argyle 金刚石矿安装了一台高压辊磨机用于破碎硬岩金伯利岩，该矿石的邦德研磨指数为 0.6，无侧限抗压强度（UCS）为 250MPa。该矿花了两年多的时间终于使用正常，后来于 1994 年又安装了第二台。此后，世界上有 20 多台高压辊磨机用于金刚石生产，包括南非的 Debswana 矿、加拿大的Diavik 和 Ekati 矿，在 Ekati 矿还首次采用了带辊钉的辊面。2002 年，Argyle 矿也安装了一台采用辊钉的高压辊磨机。

辊钉的出现纯属偶然，辊钉的开发最初是作为快速修复的方式来修理水泥厂光滑辊子上破损的补丁。尽管在这种应用中，由于高的挤压力，焊接的辊钉的耐久性证实是不满意的，但是注意到，在这些辊钉所在的位置上，在辊钉之间形成了一个自动生成的耐磨层。

在 20 世纪 90 年代早期，KHD 获批了焊接的辊钉衬系统的专利，并且很快又获批了把辊钉插入辊表面的专利。辊钉耐磨系统的最重要特点是在辊钉之间形成了一个自动生成的耐磨保护层。

第一台工业上应用的辊钉辊面证明，与光滑辊面相比，辊钉的耐磨性能有了重大的变化。安装辊钉辊面的水泥厂的给矿由潮湿的石灰石和沙子组成，在辊钉衬安装之前，水泥厂的耐磨问题是一个解决不了的问题，原来硬面类型的衬，耐磨寿命不会超过 1000h，新的辊钉衬在第一次应用中就超过了 5000h。辊钉衬的出现给高压辊磨机的有效运转率带来了重大的变化。

1994 年，瑞典的 LKAB 公司在 Malmberget 安装了一台小型的高压辊磨机，一是在降低能耗的情况下提高产量，二是用于球团厂的给矿增加比表面积。高压辊磨机成功应用之后，该公司于 1995 年在 Kiruna 球团厂又安装了一台更大规格的高压辊磨机。

1995 年，Cyprus Amax 在 Arizona 的 Sierrita 铜矿安装了一台 2×2250kW 的高压辊磨机进行工业试验，这也是当时最大的高压辊磨机。矿石的最大 UCS 大于300MPa。该设备作为第三段破碎，在一年多的时间里，处理了 600 多万吨矿石。选矿试验结果非常好，改善了后续作业的处理能力，但是辊的磨损依然是一个问题，再加上金属市场萧条，没有进一步在技术上投入。

巴西的 Hispanobras 和 CVRD 在 Tubarão 的第一球团厂在 1996 年投入运行了高压辊磨机，两年后，印度的 Kudremukh 铁矿石公司采用了一台高压辊磨机用于滤饼再磨，Iron Dynamics 公司安装了一台高压辊磨机用于球团厂购进的重选精矿再磨。

1997 年，美国明尼苏达州的 Empire 铁矿安装了一台高压辊磨机作为 3 台 24英尺（7.3m）半自磨机排出顽石的第二段破碎机（第一段是圆锥破碎机）。1998年，智利 Los Colorados 的一台 2×2000kW 高压辊磨机作为第三段破碎设备投入运行，处理能力为 1700~2000t/d，其产品为 82% 小于 6mm，辊胎的寿命为 14600h。1998 年，毛里塔尼亚的 SNIM 铁矿定购了两台高压辊磨机用于顽石破碎。印度尼西亚的 Freeport 铜矿也在其常规破碎流程的第三段圆锥破碎机之后，安装了高压辊磨机作为第四段破碎。

2003 年，CVRD 订购了 6 台新的设备用于巴西的三个项目，一台 1200t/h 能力的高压辊磨机用于 Vitoria，两台 1000t/h 的磨机用于位于 Ponta Ubu 的Samarco，另外三台 650t/h 的高压辊磨机用于 São Luis 的球团厂。

我国的武钢程潮铁矿球团厂于 2002 年引进了一台高压辊磨机。随后，武钢的鄂州球团厂、马钢的南山铁矿等均引进或采用了高压辊磨机。

2004 年 3 月，CMP 为其 Romeral 选矿厂订购了一台高压辊磨机处理小于40mm 的矿石，其产品粒度为 63.5% 小于 6mm。设备于 2005 年运行，包括 KHD的高压辊磨机、ROLCOX 的驱动系统和控制系统，过大的颗粒返回高压辊磨机，满负荷能力约 1500t/h，据 KHD 介绍，从小于 6mm 物料给到球磨机，高压辊磨机的采用使后续到球团给矿之前的能耗节省 15%~25%。

Köppern 2005 年从南澳大利亚的 OneStee 得到了一个订单，该公司将其在Whyalla 的钢厂原料从赤铁矿改为磁铁矿，在新的矿山安装了两台中等规格的高压辊磨机与湿式筛分闭路来破碎矿石，回路的产品送去磁选分离。该项目得出的结论是：该方案是所有方案中的最佳方案。磁铁矿精矿通过管道送到钢厂。该项目的投资为 3.25 亿澳元，2005 年 5 月批准，2007 财年底运行。

澳大利亚的 Boddington 金矿在考虑处理其 Wandoo 矿体的低品位、硬度大的矿石时，通过和半自磨机回路比较，最终采用了常规碎磨流程（第三段采用高压辊磨机）。在此之前，Newmont Mining 在美国内华达的 Lone Tree 金矿采用 Krupp Polysius 的高压辊磨机建立了一个验证回路，试验结果使该公司增强了采用高压辊磨机技术的信心。2005 年，Boddington 的碎磨回路设计完成，共采用了 4 台 Polycom 的 ϕ2.4m×1.65m 高压辊磨机，该选矿厂于 2009 年投产。

此外，Norilsk Nickel 公司的 Zapadnoye 金矿，采用了 KHD RP5-100/90 型高压辊磨机，驱动功率 2×400kW，作为第三段闭路破碎。2004 年投入运行，高压辊磨机给矿的 UCS 为 160~170MPa，最大粒度为 20~25mm，处理能力为 320~415t/h。

秘鲁的 Cerro Verde 铜矿一期工程采用了 4 台能力为 2500t/h 的 Polycom 生产的 ϕ2.4m×1.65m 高压辊磨机，每台功率 2×2500kW，作为第三段破碎，与湿式筛分构成闭路，筛下给到球磨机回路。该选矿厂一期工程设计处理能力为 120000t/d，于 2006 年末投产；二期工程设计处理能力为 240000t/d，采用了 8 台 Polycom ϕ2.4m×1.65m 高压辊磨机，于 2016 年投产。

哈萨克斯坦的 Kasachsmys 铜矿采用了两台 RPS 13-170/140 型高压辊磨机，安装功率为 2×1150kW，处理能力为 945t/h，其排矿均给到湿筛作业。

淡水河谷位于巴西的 Salobo 铜矿 2012 年和 2014 年的一期和二期工程（各 35000t/d）建设分别采用了两台 20/15 型高压辊磨机，计划于 2020 年开始三期工程，再增加两台同型号的高压辊磨机，增加 35000t/d 处理能力。

目前，高压辊磨机由于其特殊的结构及破碎性能，可以大幅降低电能消耗，正在硬岩矿山如铜矿、铁矿、铂矿、金矿、金刚石矿等得到广泛的应用。

1.2.2 新的多碎少磨流程

在采用常规破碎流程的选矿厂中，选用高压辊磨机将原来常规破碎流程中的第三段圆锥破碎机替代，或将第三段破碎的产品（分级）给入高压辊磨机，作为第四段破碎。原来常规破碎流程的最终产品粒度一般为 $P_{80}=7~10\text{mm}$，采用高压辊磨机后的 P_{80} 可达到 5~6mm，甚至 3mm。新的多碎少磨流程如图 1-4 所示。

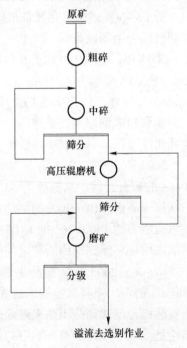

图 1-4　采用高压辊磨机的碎磨流程

从图 1-4 中可以看出，采用高压辊磨机作为第三段（或第四段）破碎的流程，与之前的常规破碎流程相比，一个明显的不同是除高压辊磨机自身需闭路运行外，其直接上游的破碎作业也需要闭路运行。

1.3　高压辊磨工艺的特点及适用条件

1.3.1　高压辊磨机的特点

高压辊磨机有以下特点：

（1）破碎矿石的单位电耗低；

（2）挤压过程中产生的微裂隙可降低后续磨矿回路的单位电耗；

（3）要求的给矿条件和控制过程苛刻，碎磨流程复杂，设备台套多。

因此，采用高压辊磨工艺后的碎磨流程与目前普遍采用的半自磨工艺相比，其能耗低，综合运行成本低；但由于流程复杂，设备数量多，投资也较高。采用哪种碎磨流程，需根据所要处理的矿石特性，要在进行详尽的技术经济方案比较后选择确定。

1.3.2　高压辊磨机的适用条件

高压辊磨机的适用条件主要有以下方面：

（1）用电成本高或运输成本高的偏远地区；

（2）给矿中黏性矿石或废石少；

（3）比较硬的矿石，$A \times b$ 值和 ta 值低；

（4）邦德功指数值高；

（5）矿石中黏性成分和水分低，挤压后不易成饼或块；

（6）矿石中纤维成分低，挤压后不会产生过多的粉尘。

根据国外研究和应用的结果，认为高压辊磨机不能代替半自磨机[4,5]。如果矿石硬度高、耐磨性强（$A \times b < 35$），采用半自磨机处理的比能耗大于 8~9kW·h/t、邦德球磨功指数大于 15~17kW·h/t，选用高压辊磨工艺更合适；反之，则可能选用半自磨工艺更合适。

如 Salobo 铜矿[6]，其矿床位于巴西 Carajás 省的 Carajás 矿区一个 S 形的西北偏西、东南偏东倾斜的晚太古代盆地，盆地的基岩组合以 Pium 杂岩体的花岗岩-正长片麻岩和 Xingu 杂岩体的斜长角闪岩、片麻岩和混合岩为主。基岩上部覆盖着 Itacaiúnas 超群的火山岩和沉积岩。2004 年所做的可行性研究中碎磨流程为粗碎—半自磨/球磨回路。然而，随着研究的进一步深入，Salobo 矿石所独有的问题使得又重新考虑了标准半自磨磨矿的替代方案。

首先，高磁铁矿含量（有时会超过 20%）意味着难以采用半自磨回路，需要用顽石破碎机来破碎临界的顽石颗粒。在破碎机之前采用电磁铁除去钢球碎屑时会同时除去磁铁矿颗粒，导致与磁铁矿共生的铜和金的损失（与磁铁矿片岩共生的铜品位更高）。因而需要另外的设计和投资，意味着需要重新处理和加工磁铁矿顽石。

其次，Salobo 矿石的硬度和密度变化非常大，常规的半自磨机回路对这样的变化非常敏感，会导致磨机处理能力和性能的重大变化。

为此，在 2005 年和 2006 年，又分别采取 G3 平硐的样品和生产前 5 年的代表性出矿样品及硬矿石样品专门进行了高压辊磨机的试验，以评估采用高压辊磨机的常规破碎流程的可行性。硬矿石的邦德球磨功指数为 21.4kW·h/t。

在试验中发现，随着辊速增加和给矿中水分增加，比处理能力下降。对前 5 年的矿样，当给矿中水分从 0.1% 增加到 4.0% 时，比处理能力降低 18%。对所有样品的研磨试验和比磨损速率试验表明，Salobo 矿石的研磨特性低。

同时，在 2005 年的试验中，对小于 6mm 的高压辊磨机产品样品和常规破碎的小于 6mm 的半工业试验矿石样品进行了可磨性试验，结果表明，两者的邦德球磨功指数非常相似，分别为 19.4kW·h/t 和 19.2kW·h/t，说明矿石没有产生微裂隙，因而，高压辊磨机的产品没有可磨性的优势。在评审了所有的工作之后，根据与常规半自磨机相比的技术和经济结果，淡水河谷决定实施高压辊磨机方案。

综合上述情况，项目的前期工作所需的资料和数据一定要充分，这是方案合适可行的关键。至于高压辊磨机排出的产品是否产生微裂隙，使后续的球磨机磨矿比能耗降低，则可能与不同矿床的矿石性质有关，需通过代表性矿样的试验来确定。

部分采用高压辊磨机处理的矿石硬度情况见表 1-1。

表 1-1 部分采用高压辊磨机处理的矿石硬度情况

矿 山	国家	金属	规模/t·d^{-1}	$A \times b$	ta	W_i/kW·h·t^{-1}	A_i	投产时间	备注
Cerro Verde[7]	秘鲁	Cu	360000	47.3		16.2		2006 年	
Boddington[8]	澳大利亚	Au	100000	27.3	0.22	15.6		2009 年	
Mogalakwena[9]	南非	Pt	20000	27	0.217	27 (<75μm)		2008 年	
Bozshakol[10]	哈萨克斯坦	Cu		28.7		19.8		2016 年	顽石破碎
Aktogay[10]	哈萨克斯坦	Cu		28.7		19.8		2017 年	顽石破碎
Cadia[11]	澳大利亚	Cu		35.1	0.23	19.5		2012 年	顽石破碎
Metcalf[12]	美国	Cu	70000	55.45	0.57	15.12		2014 年	
Sierra Gorda[13]	智利	Cu	110000			17.25	0.1725	2014 年	

矿　山	国家	金属	规模/t·d^{-1}	$A\times b$	ta	W_i/kW·h·t^{-1}	A_i	投产时间	备注
Tropicana[14]	澳大利亚	Au	16700			17.0	0.31~0.38	2013 年	
Salobo[6]	巴西	Cu	105000			21.4		2012 年	
PTFI[15]	印度尼西亚	CuAu	55000			13.1		2008 年	第四段破碎
Empire[16]	美国	Fe				13~14		1997 年	顽石破碎

1.4　前期需做的试验内容

所处理的矿石性质（主要是硬度和耐磨性）不同，对碎磨流程的方案选择则不同。因此，在确定所选择的碎磨流程方案之前，需要采用有代表性的矿样进行相应的综合试验。试验的内容主要包括以下三个方面：

（1）矿石特性，包括物理性质和碎磨参数；

（2）矿石对半自磨工艺处理和高压辊磨工艺处理的适应性；

（3）高压辊磨机产品的成块（饼）能力和产品可磨性。

综合试验项目的完整性是方案研究的一个至关重要的因素，而在项目的这个试验阶段完整的矿石可变性分析不一定是必需的，重要的是样品应代表整个矿体，且要确认任何能够影响工艺或流程选择的特殊区域。

1.4.1　矿石特性

应当尽可能多地确定矿石的下列性质，如矿石密度和水分含量、邦德磨矿功指数和研磨指数以及 JK $A\times b$、DW_i 这些最重要的参数将在回路建模中采用。

（1）物理性质：UCS（无侧限抗压强度）、点载荷指数（抗拉强度）、矿石密度、松散密度和水分含量。

（2）邦德指数：包括破碎功指数、棒磨和球磨功指数及研磨指数。

（3）JK 和 SMC 碎磨参数：冲击碎裂系数 $A\times b$、磨蚀碎裂系数 ta、破碎指数 t_{10}、硬度系数 DW_i。

1.4.2　半自磨机适应性

当采用半自磨机的回路所需比能耗能够从矿石特性试验结果准确合理地确定时，也可以用来进行专门的半自磨试验如介质性能确定和半自磨功率指数（SPI）试验。特别是在高耐磨性矿石的情况下，半自磨基准数据是很少的，所以在这个处理路线上进行尽可能多的不同类型的试验以获得对矿石行为的充分了解是很重要的。

1.4.3　高压辊磨机适应性

对采用高压辊磨机的回路建模和模拟目前还不如基于半自磨机的回路成熟，在评估矿石对高压辊磨机处理的适应性中，高压辊磨机的专门试验是必不可少的。目前，各制造商都已经很好地开发了一整套的试验程序，在全球有许多的实验室能够进行类似的（尽管通常很少是综合性的）试验项目。

高压辊磨机的适应性试验有三个层次，分为初步试验、综合试验和现场半工业试验。初步试验在实验室进行，采用简单的单一通过试验以提供早期的比处理能力、比能耗、辊胎磨损速率和产品粒度。综合试验是提供更可靠的试验结果，包括闭路循环试验以模拟闭路运行来检查矿石的可变性影响，评估高压辊磨机产品的成块能力和可磨性。现场半工业试验有一个好处是可以更长时间地评估运行和维护的问题，让现场人员熟悉这项技术。

除了确定矿石是否适应于高压辊磨机处理之外，还需要提供下列数据：

（1）按确定的规模放大和选择工业用设备；

（2）预测产品粒度分布用于回路建模和模拟；

（3）预计所需比能耗和磨损速率，便于成本估算。

对试验工作有多种高压辊磨机规格可用，从简单的活塞装置到能力可达 100t/h 的半工业规模设备，已经发现采用较大设备的试验结果按比例放大的性能是更可靠的。因此，较小的装置通常用于初步评估，较大的设备用于设计采用的确定性试验。

1.4.4　成块（饼）能力

高压辊磨机的产品以压缩饼或块的形式排出，成块能力是矿石类型、水分含量和高压辊磨机所施加力的函数。一般情况下，硬的、耐磨的矿石产出易碎的饼或块，不需要专门的措施打散；而较软的矿石可能产出成形的饼或块，在随后的作业之前或作为该作业的一部分需要高能量进行打散。成饼或块的性能可能会影响流程的设计，因此也是高压辊磨机试验程序的一个必不可少的组成部分。

1.4.5　产品可磨性

高压辊磨机的排矿产品粒度分布介于常规的圆锥破碎机排矿产品和半自磨机的排矿产品之间，因而其产品的可磨性也介于两者之间。

（1）与常规破碎比较，高压辊磨机产品通常比常规破碎机的产品含有更多的细粒，且这些产品中的颗粒呈现出由于微裂隙所导致的结构上的弱化，两者合并后的效果是在下游的球磨机磨矿阶段降低了所需的能耗。这个降低可以简单地利用高压辊磨机产品和等量的常规破碎的物料进行所需能量比较试验而量化，在实验室磨机中直接得到可比较的比能耗值。

当认为有必要分离这两种效果时，增加的细粒和微裂隙，也必须要进行邦德球磨功指数试验，如同常规破碎的产品那样，采用同样的双对数线性给矿粒度分布，以确定由于微裂隙所致的能耗降低。然后，由于增加的细粒部分所致的能耗降低，能够通过用于估算磨矿所需的比能耗所需的两个组成成分的差异来确定。

对任何给定的矿石，邦德磨矿功指数值随磨矿细度增加而增加是正常的。因此，对给定的项目设定值，为了获得有意义的结果，试验应当选用给出的 P_{80} 值大致与设计的磨矿细度相等的闭路筛孔。

（2）与半自磨机磨矿比较，虽然高压辊磨机产品通常比常规破碎机的产品更细，但与半自磨机产品相比通常差别很小。图 1-5 所示为高压辊磨机与半自磨机产品粒度分布比较[5]，能够看到曲线形状不同，但总体梯度相似，且高压辊磨机的曲线比半自磨机曲线粗得多，这意味着其给到球磨机磨矿的过渡粒度大于等量的半自磨机的过渡粒度。因此，在采用高压辊磨机的回路中，球磨机的比能耗会更高。

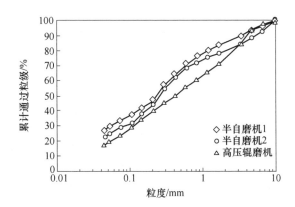

图 1-5　高压辊磨机与半自磨机的产品粒度分布比较

参 考 文 献

［1］杨松荣，蒋仲亚，刘文拯. 碎磨工艺及应用［M］. 北京：冶金工业出版社，2013.

［2］林奇 A J. 破矿和磨矿回路模拟、最佳化、设计和控制［M］. 北京：原子能出版社，1983：22~25.

［3］穆拉尔 A L，杰根森 G V. 碎磨回路的设计和装备［M］. 北京：冶金工业出版社，1990：219~261.

［4］Danilkewich H，Hunter I. HPGR Challenges and growth opportunities［C］// Allan M J，Major K，Flintoff B C，et al. International Autogenous and Semi-Autogenous Grinding Technology

2006. Vancouver: Department of Mining and Engineering, University of British Columbia, 2006: I -27~44.

[5] Morley C T. HPGR trade-off studies and how to avoid them [C] // Department of Mining Engineering University of British Columbia. SAG 2011, Vancouver, 2011: 170.

[6] Burns N, Davis P G C, Diedrich P G C, et al. Salobo-43-101 Technical Report [R]. Salobo Copper-Gold Mine Carajás, Pará State, Brazil, 2017.

[7] Wong H, Mackert T, Lipiec T, et al. Optimizing ball mill selection for a HPGR ball mill circuit [C] // Department of Mining Engineering University of British Columbia, SAG 2019, Vancouver, 2019: 60.

[8] Hart S, Parker B, Rees T, et al. Commissioning and ramp up of the HPGR circuit at newmont boddington gold [C] // Department of Mining Engineering University of British Columbia, SAG 2011, Vancouver, 2011: 41.

[9] Powell M S, Benzer H, Mainza A N. Transforming the effectiveness of the HPGR circuit [C] // Department of Mining Engineering University of British Columbia, SAG 2011, Vancouver, 2011: 118.

[10] Burchardt E, Mackert T. HPGRs in minerals: What do more than 50 hard rock HPGRs tell us for the future? (PART 2—2019) [C] // Department of Mining Engineering University of British Columbia, SAG 2019, Vancouver, 2019: 26.

[11] Foggiatto B, Hilden M M, Powell M S. Use of a novel multi-component approach for simulating a comminution circuit featuring HPGR and SAG mill [C] // Klein B, McLeod K, Roufail R, et al. International Semi-Autogenous Grinding and High Pressure Grinding Roll Technology 2015, Vancouver: CIM, 2015: 32.

[12] Mular M A, Hoffert J R, Koski S M. Design and operation of the metcalf concentrator comminution circuit [C] // Klein B, McLeod K, Roufail R, et al. International Semi-Autogenous Grinding and High Pressure Grinding Roll Technology 2015. Vancouver: CIM, 2015: 66.

[13] Comi T, Burchardt E. A premiere for chile: the HPGR based copper concentrator of Sierra Gorda SCM [C] // Klein B, McLeod K, Roufail R, et al. International Semi-Autogenous Grinding and High Pressure Grinding Roll Technology 2015. Vancouver: CIM, 2015: 67.

[14] Gardula A, Das D, DiTrento M. First year of operation of HPGR at Tropicana gold mine-case study [C] // Klein B, McLeod K, Roufail R, et al. International Semi-Autogenous Grinding and High Pressure Grinding Roll Technology 2015, Vancouver: CIM, 2015: 69.

[15] Villanueva A, Banini G, Hollow J, et al. Effects of HPGR introduction on grinding performance at pt freeport indonesia's concentrator [C] // Department of Mining Engineering University of British Columbia. SAG 2011, Vancouver, 2011: 172.

[16] Dowling E C, Korpi P A, McIvor R E, et al. Application of high pressure grinding rolls in an autogenous-pebblf milling circuit [C] // Department of Mining Engineering University of British Columbia. SAG 2001, Vancouver, 2001: III -194~201.

2 高压辊磨工艺节能的理论基础

2.1 粉 碎 理 论

粉碎是指块状（颗粒状）物质通过爆破、破碎和磨矿等作业降低到下游过程所需或终端使用产品时的过程。在选矿过程中，粉碎过程用来保证在采用物理或化学方法分离之前把有用成分从脉石成分中解离或裸露出来。

目前，粉碎过程中能量消耗的评估基础来自于对单颗粒碎裂所涉及现象的认识。此外，粉碎的理论还包括对颗粒群破碎速率定量描述，从宏观和微观两个方面对粉碎系统进行描述。因为目前工业上使用的破碎设备都是通过对颗粒群施加各种类型的力来破碎颗粒，每种破碎事件的结果不能像一个化学反应能够产生一种精确化学计量的反应物那样来预测，因而需要借助于模型来分析。

实际中，由于极其大量的变量影响，即使对于单颗粒破碎事件的结果也不是完全可以预测的。因此，人们在研究中，把注意力引导到在特定条件下的单颗粒破碎。这些研究聚焦于颗粒的强度、在破碎事件中消耗的能量，以及在这样一个事件中产生的产品粒度分布，透过这些现象来了解工业破碎设备的复杂行为。

2.1.1 单颗粒破碎

2.1.1.1 单颗粒破碎的颗粒强度和所需的破碎能

单颗粒破碎的过程可以利用摄影测量和超快的测压元件来测量确定其强度和碎裂能[1]。在这种情况下，碎裂强度就是在第一个断裂点的颗粒断面上单位面积所施加的力，而碎裂能就是使颗粒碎裂必须做的功。物料的实际强度比它们的理论强度要低得多，这是因为理论强度的基本假设是物料是同质的，然而，通常的大块物料中总有瑕疵存在，如晶格缺陷、晶粒边界及微裂隙（微裂隙在进入选矿厂之前的爆破碎裂物料中是特别重要的）。在颗粒中这些缺陷的应力集中远大于颗粒的其他部分，由于更高的应力水平，因此碎裂将从这些点开始。所以，物料中由于这些缺陷的存在，其实际强度比理论强度低得多，随着裂纹的开始和传播，就发生了物料的碎裂。碎裂过程的描述如图 2-1 所示。

物料的理论强度 σ 能够根据其弹性模量 Y，通过式（2-1）来估算[1]：

$$\sigma_{(实际的)} \approx \frac{1}{20}Y \sim \frac{1}{10}Y \tag{2-1}$$

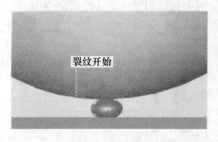 

图 2-1　钢球冲击颗粒裂纹开始和传播的三维碎裂模拟[1]

一些物料的实际强度和理论强度比较见表 2-1。

表 2-1　一些物料的实际强度和理论强度[1]

物　料	$\sigma_{(实际的)}$/MPa	$\sigma_{(理论的)}$/MPa
NaCl	4.9~19.6	1960~3920
玻璃	49~196	3430~6860
钢	294~784	9800~19600

在物料的碎裂或断裂中所消耗的能量延伸了这些裂纹，裂纹所消耗的能量部分用于产生新的表面，形成比表面自由能 γ，部分用于靠近裂纹尖端处物料的塑性变形。这两部分能量消耗都有助于形成比裂纹表面能 β（β 为产生单位面积裂纹表面所需的能量）。不同物料的比裂纹表面能 β 和比表面自由能 γ 见表 2-2。

表 2-2　部分物料比裂纹表面能 β 和比表面自由能 γ[1]

物　料	$\beta/\text{J} \cdot \text{cm}^{-2}$	$\gamma/\text{J} \cdot \text{cm}^{-2}$
NaCl（或其他离子晶体）	10^{-3}	3×10^{-5}
玻璃	10^{-3}	1×10^{-4}
塑料	10^{-2}	$2 \times 10^{-6} \sim 2 \times 10^{-5}$
金属	0.1~10	$5 \times 10^{-5} \sim 3 \times 10^{-4}$

通常 β 是 γ 值的 1000 多倍，这是由于裂纹在尖端处通过固体传播使得大量的能量转变为物料的塑性变形。如果裂纹继续传播，必须满足两个条件：力的条件和能量条件。力的条件需要张应力超过裂缝尖端的分子强度，在尖端的应力是一个最大值 $\sigma_{\max}$，由下式给出[1]：

$$\sigma_{\max} = \sigma(1 + 2\sqrt{a/r}) \tag{2-2}$$

式中 a——裂纹的长度；

　　　　r——在尖端处裂纹的半径；

　　　　σ——外部施加的压力。

在裂纹尖端处的最大应力大大超过施加在物体上的压力，如对一个长度 $a=10\mu m$、半径 $\rho\approx 1nm$ 的裂纹，$\sigma_{max}=200\sigma_\infty$。这表明，在裂纹尖端断裂力的杠杆效应是 200 倍。一旦裂纹形成，能量平衡则需要能量把裂纹从围绕着裂纹的应力场中传播出去。在 Irwin 于 1961 年提供的案例分析中，弹性应力场是唯一的能源[2]。

微分裂纹的伸展量为 $2a$，应力场的能量损失是裂纹伸展能 G，由下式给出：

$$G = -\frac{1}{2}\frac{\delta u}{\delta a} \tag{2-3}$$

裂纹消耗的微分能量 $\delta u = 4\beta\delta a$（其中 β 是比裂纹表面能）。

在这种情况下的能量条件需要裂纹伸展能必须超过比裂纹表面能，需要：

$$\beta < \frac{1}{4}\frac{\delta u}{\delta a} = \frac{1}{2}G \tag{2-4}$$

这个结果的重要性是从应力场释放出来的能量中只有一半或不到一半，在裂纹扩展的过程中用来做功，如在裂纹尖端创建新的表面或物料的塑性变形。

根据塑性理论，上述裂纹的几何形状能够表述如下：

$$G = \frac{\pi\sigma_\infty^2 a}{E}(1-\nu^2) \tag{2-5}$$

式中 σ_∞——外部压力；

　　　　ν——泊松比。

如果在裂纹传播期间施加的压力 σ_∞ 是常数，G 随着 a 的增加而增加。这样，从应力场释放出的能量一直在增加，并且如果 β 是常数或者没有 G 增加的那样快，能量条件 $\beta<G/2$ 总是满足的，因此裂纹一旦开始就会扩展。

在断裂力学中，裂纹运动的开始是一个关键过程，Griffith 在 1920 年分析了裂纹开始的过程[3]。为了感谢他的贡献，把裂纹运动开始处的微裂纹通常称为 Griffith 裂纹。在这个分析中，他只是考虑了比表面自由能 γ，并且假定只有塑性变形行为。从应力场需要增加裂纹长度 $2a$ 的能量是：

$$\delta u = 4\gamma\delta a \tag{2-6}$$

Rumpf 在 1961 年对裂纹提出了一个比 Griffith 更完整的能量平衡[4]，这些能量包括：

（1）外部的力；

（2）由于外部的力引起的应力场；

（3）由于结构缺陷、热处理等引起的残余内应力；

（4）组分热能；

（5）在裂纹尖端或碎裂表面发生的化学反应或吸附。

能量的消耗起因于：

（1）产生新的表面；

（2）裂纹尖端周围的塑性形变；

（3）在裂纹附近物料结构的改变；

（4）电荷分离或放电（放射）引起的电现象；

（5）在裂纹尖端或碎裂表面发生的吸热化学反应或吸附；

（6）弹性波的动能。

由于所有这些原因，总的所需能量通常是在理想条件下产生一个新表面所需能量的 100 多倍。

上述这些认识适用于任何物料在任何负载条件下的碎裂。有些负载事件中的变量，其最大的影响因素是负载的方式、颗粒粒度、颗粒成分和环境。

2.1.1.2　压缩负载和冲击负载

尽管负载可以有多种途径实现，最基本的是两面负载和单面负载。对球体的两面和单面负载事件模拟如图 2-2 所示。当颗粒经受两个或更多的力时，其断裂强度小于只受一个应力时的断裂强度。总之，碎裂的概率随着接触力的数量增加而增加（相应的碎裂强度降低）如图 2-3 所示。

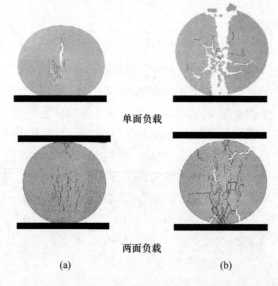

单面负载

两面负载

(a)　　　　　　　　　　　　(b)

图 2-2　颗粒单面负载和两面负载在裂纹开始(a)和最终碎裂状态(b)的模拟[5]

压缩负载基本上是用于颗粒的两面负载。在压缩负载中，最靠近接触面的应力对造成裂纹是最重要的。当力的接触时间大于弹性波通过颗粒的传递时间时，

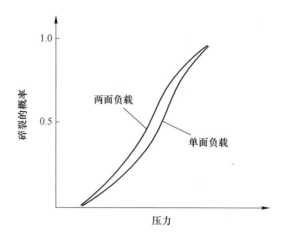

图 2-3 两面负载和单面负载的破碎强度[6]

就产生了这种类型的裂纹。大多数的工业粉碎设备，接触时间比传递时间长得多，这种情况称为慢压缩负载。

冲击负载用于颗粒撞击一个表面时，由于冲击时间小于弹性波掠过颗粒的传递时间，在非常高的冲击速度下，动态效应变得很重要。在粉碎设备中，很少遇到这种高速度的情况，此时，靠近接触面的压应力是最重要的。同样，此时的冲击负载相当于单面快速压缩负载。在冲击式破碎机中，冲击的速度是 20~200m/s；在滚动式磨机中，冲击的速度高达 20m/s。在 200m/s 的冲击速度下，冲击时间是传递时间的 10 倍。

当一个颗粒以特定的方式负载时，其碎裂的概率对颗粒的粒度是非常敏感的。图 2-4 所示为几种颗粒粒度在单位质量输入能量下所产生的碎裂概率，所示的概率近似于 0.1~0.9 的情况下能量输入对数的标准分布。图 2-4 也表明，相同起始粒度的颗粒碎裂强度范围随着起始粒度降低而增加，这是因为颗粒的缺陷随粒度降低而消耗。在较大的颗粒粒级中，大多数的颗粒至少有一个，也可能有多个相同量级的主要缺陷，因此几乎所有颗粒的碎裂强度是相等的。然而，在更小的颗粒中，主要的缺陷不再如此均匀地分布，以至于造成裂纹所需的应力水平分布更宽，导致了更宽的碎裂强度分布。

2.1.1.3 产品碎片的粒度分布

当颗粒破碎时，产生几块大的碎片以及一系列比这些大的碎片小得多的细粒碎片，如图 2-5 所示的模拟。

根据研究模拟的结果，颗粒破碎及其产品的颗粒粒度分布对负载方式和强度有很强的依存性，从图 2-6 能够看到即使输入的能量是恒定的，负载方式（速率

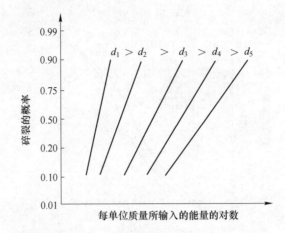

图 2-4　不同颗粒粒度的破碎强度[1]

d—原始颗粒直径

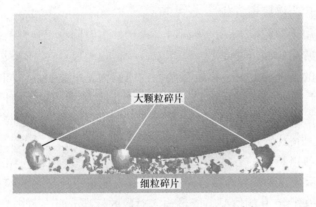

图 2-5　单颗粒破碎模拟产生的结果[1]

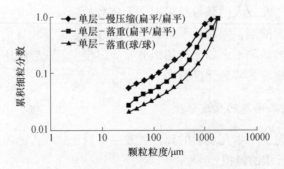

图 2-6　在输入能量 1.7kW·h/t 条件下对单层颗粒

慢挤压和落重产生的结果[7]

和几何形状）的改变也对碎裂所利用的能量效率有着重大的影响：扁平状物料慢压缩是最有效的；而落重情况下，由于载荷的较高速度则效率较低。在落重条件下，扁平状的物料由于其限制了颗粒的运动而比有大量颗粒运动的球状颗粒更有效。

对压缩负载，不同能量输入下产生的粒度分布呈现出高度的相似性，$F_3(d/d')$（产品中小于相对粒度 d/d' 的累积质量分数）的共线图如图2-7所示。

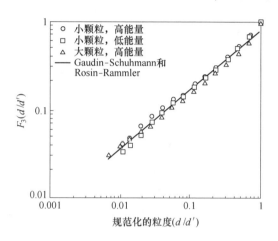

图2-7　石英球/球颗粒负载试验的产品碎片自相似分布[1]

这一现象值得注意的是，这个共线性对不同的初始粒度都适用。这样，在滚动磨机（球磨机、砾磨机、半自磨机和自磨机）中发生的压缩负载，对大量的碎裂事件所产生的粒度分布也呈规范化，也就是说，它们变得自相似。

根据这种性质，Herbst 和 Sepulveda 于 1985 年开发出了经验的粒度分布[8]。这些碎片的粒度分布包含了 Gaudin-Schuhmann 分布和 Rosin-Rammler 分布。Gaudin-Schuhmann 分布为：

$$F_3(d/d') = \left(\frac{d}{d_{\max}}\right)^{\omega} \tag{2-7}$$

其中

$$d_{\max} = 常数 \times d'$$

Rosin-Rammler 分布为：

$$F_3(d/d') = 1 - \exp\left[-k\left(\frac{d}{d'}\right)^{\omega}\right] \tag{2-8}$$

这些经验模型与碎裂数据的适配如图2-4所示。在一些场合下，它们描述得相当好，但也有缺陷，总之，不可能由它们来描述所有情况下的粒度分布。

对冲击载荷，产品的粒度分布通常不可能规范化，由于这个原因，上述的粒度分布关系不能描述大多数冲击载荷碎裂情况下的结果。同样地，碎裂的剥落和研磨模型产生不了自相似的分布，这些情况下产品粒度分布的实例如图2-8所示。

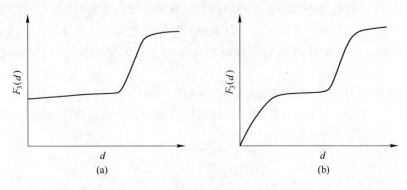

图 2-8　研磨(a)和剥落(b)的产品粒度分布[1]

2.1.1.4　多阶段破碎

选矿厂处理的几乎所有的矿石都是由多相颗粒组成的，实际上，一相从另一相中释放或"解放"出来是几乎所有相关粉碎过程的根本目的。图 2-9 所示为从两种成分包裹连生的颗粒中碎裂的显微照片。在一些例子中，单相颗粒代表着发生了有用成分或脉石成分完全解理的碎片。然而，在大多数情况下，碎片仍然是连生体，即在同一个颗粒中存在着不同的成分。

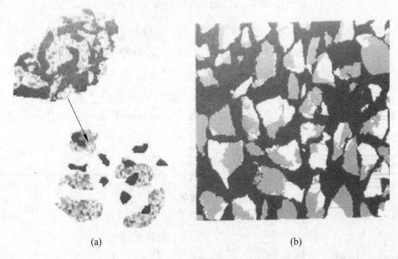

图 2-9　解离结果(a)和碎片的显微照片(b)[1]

多相颗粒的复杂程度取决于矿物所呈现的共生（矿石结构）类型和程度，它们的碎裂行为（强度、碎裂能、产品粒度及类型）取决于单独相和纹理的力学结构。从解离的观点看，最重要的是当正在扩散的裂纹到达相的边界时会发生什么变化：如果裂纹没有衰减继续越过边界进入相邻的相，就发生了所谓的"随机解离"。如果每个相有相似的力学性质,裂纹形式(以及由此产生产品粒度分布)将是相同的,与矿石结构无关。由于它的随机性质,这种情况需要非常细的粒度才能得到高度的解离,即有价相和脉石相的释放。另外,如果裂纹到达相的边界(有不同的力学性质)后改变方向并且沿着晶粒边界传播,这种情况称为"选择性解离"。在这种情况下,需要很小的破碎比就能取得一定水平的解离。在极端的选择性解离下,由于裂纹沿着相内边界扩散的结果,从而使单独的矿物晶粒能够从母体颗粒中解离出来。

2.1.2　多颗粒碎裂

工业上粉碎设备不会一次破碎一个颗粒,而是每小时几百吨甚至几千吨来破碎矿石,这些设备必须破碎大颗粒群,如目前最大的半自磨机能容纳近 200t 矿石。比较图 2-10 和图 2-1、图 2-5 可以看出,产生的多颗粒破碎事件都比单颗粒事件更复杂且效率更低。

图 2-10　多颗粒破碎结果的模拟[1]

2.1.2.1　颗粒间相互作用的类型

多颗粒破碎事件的复杂性及低效性源自于在破碎期间颗粒间的相互作用,基本上认为在颗粒群中碎裂的量取决于能量在颗粒群中如何消散(有用的和浪费的)及分布于不同的颗粒类型。图 2-11 所示为相对于单颗粒慢压缩负载的破碎效率随着挤压破碎的床层中(相同大小)颗粒层的数量增加而降低。

随着一个破碎事件中颗粒数量的增加,效率降低远低于 100% ~ 50% 或更少,也注意到不同的负载几何形状产生不同的曲线。在所有情况下,效率损失的根本原因是颗粒之间的摩擦损失。球形的颗粒落重情况下相邻的颗粒数大于 15 个(约 5% 效率)最接近于工业上滚动型磨机的环境,而相邻颗粒数大于 10 个(约 50% 效率)的柱塞状慢挤压相应于工业上细粒破碎设备的环境。

相互作用的其他重要的形式是小颗粒与大颗粒、硬颗粒与软颗粒。当硬颗粒

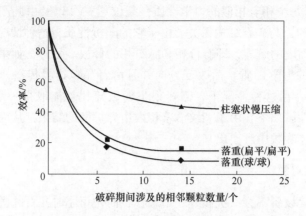

图 2-11 不同负载条件下的效率[7]

围绕着一个软颗粒时，一方面，硬颗粒接触点增加了软颗粒碎裂的概率；另一方面，硬颗粒破碎的有效性降低了，因为相邻的颗粒很少有足够的强度以负载硬颗粒使其碎裂。从能量的角度来看，对硬、软颗粒的混合群施加破碎力导致有利于软颗粒的碎裂，产生的碎裂比如果没有硬颗粒的存在，这些颗粒单位质量施加相同的能量应当发生的碎裂更多。当小颗粒围绕着大颗粒时，负载的接触点的数量最初时增加，其增长低于大颗粒的碎裂强度。然而，当小颗粒极其细时，颗粒间的摩擦损失缓冲了粗颗粒并且阻碍了碎裂。

2.1.2.2 多颗粒破碎的定量描述

由于施加的能量是所有碎裂事件的动因，矿物工作者一直探索写出产品粒度和输入能量之间的相互关系。在 1960 年之前，都是采用相对简单的相互关系，以产品粒度分布上的一个点的变化，如 80% 通过的粒度或 50% 通过的粒度，来对应于单位质量颗粒能量输入的增加。在不同条件下球磨机磨矿的典型产品粒度分布随能量输入的变化曲线如图 2-12 所示。

在图 2-12 中，$N^* = N/N_C$，是临界转速 N_C 的分数，滚动型磨机在此转速下转动；N_C 是临界转速（r/min），在此转速下，直径为 d_B（m）的球在直径为 D（m）的磨机中开始离心分离，临界转速计算如下：

$$N_C = \frac{42.2}{\sqrt{D - d_B}} \tag{2-9}$$

其中 $\quad V_B^* = \dfrac{V_B}{V_M}, \; V_P^* = \dfrac{V_P}{V_I}, \; V_I = \varepsilon V_B$

式中 $\quad \varepsilon$——钢球充填体的空隙度（$\varepsilon \approx 0.4$）。

在当时，研究的单点能量-粒度相互关系基本上均为：

$$\frac{\mathrm{d}\bar{E}}{\mathrm{d}(d^*)} = -C(d^*)^{-\alpha} \tag{2-10}$$

其中最著名的是 Rittinger（$\alpha=2$）、Rick（$\alpha=1$），Bond（$\alpha=1.5$）和 Charles（$\alpha \geqslant 1$）。

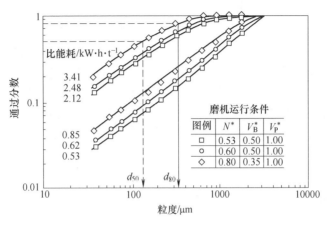

图 2-12　球磨机在不同转速（N^*）、充球率（V_B^*）和矿石充填率（V_P^*）下产品的粒度分布[1]

在这些关系中，Bond 的单点能量-粒度相互关系的积分式为：

$$\bar{E} = \frac{k}{0.5}\left(\frac{1}{\sqrt{d_F}} - \frac{1}{\sqrt{d_P}}\right) \tag{2-11}$$

Bond（1952 年）最初给出的形式：

$$E = 10\,W_i\left(\frac{1}{\sqrt{F_{80}}} - \frac{1}{\sqrt{P_{80}}}\right) \tag{2-12}$$

式中　F_{80}，P_{80}——给矿中 80% 通过的粒度；
　　　　W_i——邦德功指数。

式（2-10）已经广泛地用于设备设计和选型。

20 世纪 60 年代中期到后期，矿物工作者认识到能够预测整个产品的粒度分布而不是单个点如 d_{80} 或 d_{50} 是非常重要的，后来则给出了在式（2-10）中结合能量-粒度关系与经验粒度分布诸如 Gaudin-Schuhmann 分布 和 Rosin-Rammler 分布。这一目标通过需要 $\alpha-1$ 和 ω 的值是相同的并且计算出指数 k 的值，这些值使得能量消耗和 d_{80} 值在一个或更多的试验点匹配来完成。计算粒度分布的一个替代方法是使用一种现象学上正确的架构，因此在基本意义上更具有吸引力。这种方法最初调用了群体 P_i 中每个粒度 i（或粒级 i）的碎裂概率和从粒度 j 碎裂进入粒度 i 的子片段 b_{ij} 的分布，Broadbent 和 Callcott 于 1956 年提出的这个过程的碎裂和重新分布的概念[9]，示意图如图 2-13 所示。

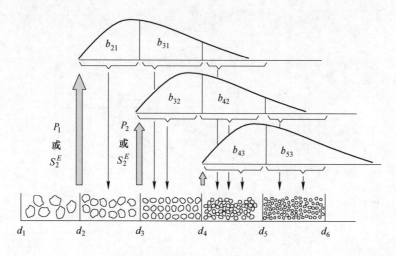

图 2-13 群体平衡计算的概念[9]

这个概念的过程对每个粒度分数 i（d_i 到 d_{i+1}，$i=1$，2，$\cdots$，n）可以写成数学式：

$$m_{P,i} = m_{F,i} - P_i m_{F,i} + \sum_{j=1}^{i} b_{ij} P_j m_{F,j} \tag{2-13}$$

或者以紧凑矩阵表示法，产品粒度分布向量（长度为 n 的列向量）m_P 可以从给矿粒度向量通过一个包含如下破碎概率和碎片分布数据的线性转换计算出来：

$$m_P = [I - (I - B)P] m_F \tag{2-14}$$

式中　I——单式矩阵；

　　　P——碎裂概率矩阵（由元素 P_i 到 P_n 组成的对角线）；

　　　B——重新分布矩阵（由每个父粒度 j 的列向量 b_{ij}（$i=j$，$j+1$，$\cdots$，n）组成的下三角矩阵）。

与应用式（2-14）相关的实际问题是 P 和 B 未知。在前述基本考虑的基础上，这些值以一种复杂的方式依赖于颗粒粒度、成分和负载环境，并且每个值都与能量输入相关，尽管其甚至没在方程中出现。此外，当颗粒通过粉碎设备时能量以基本上连续的方式施加到颗粒上，因此，能量施加的停留时间或速率是很重要的。在 20 世纪 60 年代中期或 70 年代早期，建模者关注的是式（2-11）的时间连续形式，称为群体平衡模型[10~12]。这种模型以没有流量进出粉碎设备的粒度-离散形式是：

$$\frac{\mathrm{d}Hm(t)}{\mathrm{d}t} = -[I - B]S(t)Hm(t) \tag{2-15}$$

式中　$m(t)$——在任何时间 t 时的产品向量；

　　　H——在设备中滞留的颗粒质量；

B ——碎裂函数矩阵；

S(t) ——包含每个粒级分数的选择函数矩阵。

S 和 **B** 的值能够从试验数据估算[13]和对式（2-14）所代表的批次磨矿方程集进行数学求解。

在这种情况下，如果碎裂概率长时间恒定，每个粒级的质量分数能够通过求解每一个微分方程得到：

$$m_1(t) = \mathrm{e}^{-S_1 t} m_1(0)$$

$$m_2(t) = \mathrm{e}^{-S_2 t} m_2(0) + b_{21}(1 - \mathrm{e}^{S_1 t}) m_1(0) \qquad (2\text{-}16)$$

$$m(t) = \exp(-[I - B]St) v(0)$$

式中　$m_1(0)$，$m_2(0)$，…，$m_n(0)$ ——给矿中每个粒级间隔的质量分数集。

图 2-14 所示为一个恒定概率试验，假定在不同运行条件（转速和负载）下的干式球磨机磨矿。注意到：每个条件下消失的最大粒度物料在式（2-13）所需的半对数曲线中是线性的，基于时间的选择函数（曲线的斜率）随着运行条件而强烈变化。很明显，在含有磨机转速、负载和颗粒充填的选择函数中统一的计算变化方法是高度理想的。

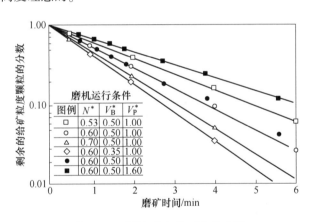

图 2-14　不同负载条件下的效率[1]

1973 年，Herbst 和 Fuerstenau 报道了基于时间的群体平衡方程能够通过转换能量规范化[14]：

$$S_i(t) = S_I^E \frac{P}{H} \qquad (2\text{-}17)$$

这在图 2-15 中进行了描述，根据图 2-14 中基于时间的数据对应 $E = Pt/H$ 作出曲线，该曲线把所有的数据收缩成斜率为 S_I^E 的单线。在这种情况下，S_I^E 称为能量特定选择函数，实际上与磨机运行条件无关，因此其作为一个物料常数。

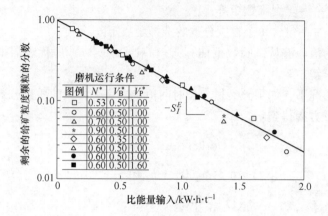

图 2-15 能量规范化给矿消失动力学[14]

如果除了我们认识到由于

$$\overline{E} = E/H = \int_0^t (P\mathrm{d}t/H)$$

$$\mathrm{d}\overline{E} = \frac{P}{H}\mathrm{d}t \tag{2-18}$$

以及碎裂函数基本上与运行条件无关（见图 2-16），式（2-14）能够转换得到：

$$\frac{\mathrm{d}m\overline{E}}{\mathrm{d}\overline{E}} = -(I - B)S^E m(\overline{E}) \tag{2-19}$$

该式通常被称为能量规范化批次磨矿模型。

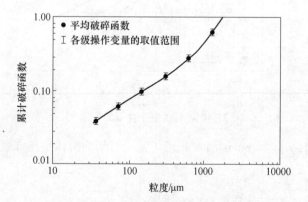

图 2-16 所有运行变量的平均破碎函数[1]

图 2-15 所示为各种不同批次球磨机磨矿条件下的能量规范化模型的试验。这个能量-粒度分布方程只采用一套选择函数（特定的选择函数，见图 2-17）预

测磨矿行为，像邦德方程一样，已经发现该方程对按比例放大设计是非常有用的。实际上，已经证明了邦德模型是能量-粒度分布模型当 $b_{ij}S_j^E \alpha d_i^{0.5}$ 时的一个特例。对这个特例，能够从功指数计算出特定的选择函数，反之亦然：

$$S_I^E = \frac{(\ln 5)d_1^{0.5}}{(100)^{0.5}W_i} \quad \text{或} \quad W_i = \frac{(\ln 5)d_1^{0.5}}{(100)^{0.5}S_I^E} \quad (2\text{-}20)$$

式（2-17）对按比例放大预测以及回路模拟是非常有用的。

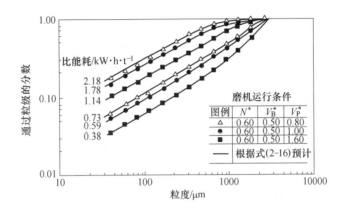

图 2-17　不同运行变量组合条件下试验观察到的粒度分布和能量规范化预测比较[1]

上述概念的扩展已经成功地应用于描述所有类型的粉碎系统从爆破到细磨的碎裂[15]，把这些群体平衡模型应用到新的环境中必须克服的挑战集中在需要知道施加到颗粒上的力的分布，以及当与力学性质相连时相关的能量利用，容许基于能量选择和碎裂函数的预测。近年来，多重物理量建模工作和基础碎裂试验提供了许多必要的链接[16]。

2.2　粉碎过程不同设备的能量利用效率

实际生产运行中，矿物破碎的是颗粒群，而非单独的颗粒，也从未使用过单独的一个粉碎作业或单台粉碎设备，而是在选矿厂中采用不同的阶段破碎组合，把物料从原矿的粒度转换成最终产品粒度。从2.1节的分析可知，在单颗粒破碎的基础上，破碎所使用的能量效率会随着不同粉碎设备的破碎原理而不同。

在开采过程中，炸药的爆破是粉碎过程中的第一步，装载于矿块中的炸药产生的高速气体压力脉冲使矿石成为初始的碎块；然后送到选矿厂进行破碎，破碎通常是对大颗粒（大于10mm）在刚性表面的慢压缩过程；最后在滚筒型磨机中通过冲击、磨剥和研磨的组合机理将小于10mm的颗粒进一步粉碎到下游作业所需的粒级，在磨机中粉碎所需的能量通过磨矿介质如钢球、钢棒或大的矿石颗粒传递。与单颗粒破碎过程相比，颗粒群多段破碎过程所施加的能量效率则会因为每个阶段所采用的粉碎设备不同而有很大的差异。

进入选矿厂的矿石选别准备阶段，矿石粒度从来料的 1000（或 1500）~ 0mm 经过不同的破碎阶段降低到 10~0mm，至少需要经过三段（或四段）破碎，每段的破碎比为 3~6。第一阶段为粗碎，在该段来自于采矿的粗大颗粒被施加的能量破碎到 250（或 300）~0mm，粗碎的过程极其接近于单颗粒的破碎，能耗一般小于 0.5kW·h/t，能量效率约为 80% 的水平。此后的破碎从 250（或 300）~ 0mm 破碎到 10~0mm，能耗一般不到 1kW·h/t，能量效率约为 60%。随后的磨矿多采用滚筒型磨机或搅拌型磨机完成，矿石粒度的降低通过磨矿介质对其压缩、磨剥、研磨来完成。一段磨矿的产品粒度可达到 300~0μm，所需的能耗根据矿石性质和产品粒度可达 5.0~25kW·h/t，甚至更高。磨矿设备的能量效率根据设备的不同为 15%~3%。

高压辊磨机作为一种特殊的粉碎设备，由于其独特的工作原理，其产品中可以进入选别作业的合格粒级产率为 20%~30%，远高于圆锥破碎机排矿产品中相同粒级（<10%产率）的含量。由于其对颗粒群慢压缩负载的作用机理，可使产生这部分合格粒级所施加的能量利用效率（能效）达到 30%，而在球磨机中产生这部分合格粒级所施加能量的能效仅为 5% 左右，这也就是采用高压辊磨机可以降低能耗的主要原因。

最后阶段的磨矿通常由球磨机或搅拌磨机来完成，最终产品粒度可达到几个微米，但其能耗也高达 50kW·h/t。与单颗粒慢压缩负载所需的能量相比，球磨机或搅拌磨机的能量效率可能降低到约 1%。

表 2-3 列出了各种碎磨设备（方法）在最有效的运行条件下的粒度范围及其能效。

表 2-3   不同碎磨设备适用的粒度范围和能效系数[1]

设　　备	适用的粒度/mm	近似的效率/%
爆破	∞ ~ 1000	70
旋回破碎机	1000~200	80
圆锥破碎机	200~20	60
自磨/半自磨机	200~2	3
棒磨机	20~5	7
球磨机	5~0.2	5
搅拌磨机	0.2~0.001	1.5
高压辊磨机（HPGR）	20~1	20~30

参 考 文 献

[1] Fuerstenau M C, Han K N. Principles of Mineral Processing [M]. Littleton: SME, 2002: 61~118.

[2] Irwin G R. Plastic zone near a crack and fracture toughness [C] // Sagamore Research Conference Proceedings, 1960, 4: 463~478.

[3] Griffith A. Phenomena of flow and rupture in solids [J]. Phil Trans Roy Soc. , 1920, 221A: 163~198.

[4] Rumpf H. Theory of fracture, its problems and recent results [J]. Materials testing, 1961, 3: 253~265.

[5] Potapov A, Campbell C. A three-dimensional simulation of brittle solid fracture [J]. Int. J. Mod. Phys. , 1996, 5: 717~729.

[6] Schönert K, Flügel F. Zerkleinerung minerale im hochkomprimierton Gutbett [J]. Particle Technology, 1980, A: 82~95.

[7] Cho K. Breakage Mechanisms in Size Reduction [D]. Utah: University of Utah, 1987.

[8] Weiss N L. Mineral Processing Handbook [M]. New York: SME, 1985.

[9] Broadbent S R, Callcott T G. A matrix analysis of processes involving particle assemblies [J]. Phil. Trans. 1956, 249 (960): 99~123.

[10] Gaudin A M, Meloy T P. Modal and a comminution distribution equation for repeated fracture [J]. Trans. Soc. Min. Eng. AIME 1962, 223: 40~43.

[11] Austin L G. Understanding ball mill sizing [J]. Ind. Eng. Chem. Process Design and Development, 1973, 12 (2): 121.

[12] Herbst J A, Grandy G A, Mika T S. On the development and use of lumped parameter models for continuous open- and closed-circuit grinding systems [J]. Transactions of the Institution of Mining and Metallurgy, 1971, 80: C193.

[13] Herbst J A, Rajamani K, Kinneberg D J. ESTIMILL—A Program for Grinding Simulation and Parameter Estimation with Linear Models [D]. Utah: University of Utah, 1977.

[14] Herbst J A, Fuerstenau D W. Mathematical Simulation of Dry Ball Milling Using Specific Power Information [J]. Trans. AIME, 1973, 254: 373.

[15] Pate W T, Herbst J A. MinOOcad Manual [R]. Kelowna, B. C. : Svedala Process Technology, 1999.

[16] Nordell L, Potapov A, Herbst J A. Comminution simulation using discrete element method (DEM) approach-from single particle breakage to full-scale SAG mill operation [C] // Department of Mining Engineering University of British Columbla. SAG 2001, Vancouver, 2001: Ⅳ-235~251.

3　高压辊磨机

3.1　名 词 解 释

对于高压辊磨机需要了解的几个名词,解释如下:

(1) 比处理能力[1]。比处理能力 (q) 有两种表示方法,一种是高压辊磨机的辊直径 (D)、辊长 (或宽) 度 (L)、辊线速度 (v) 由式 (3-1) 表示的处理能力 (Q) 的比率,q 以 t/(m³·h) 表示。q 的值用于预测在不同辊几何形状下高压辊磨机的处理能力。

$$q = \frac{Q}{DLv} \tag{3-1}$$

另一种是估算 q 值的方法,是根据高压辊磨机的运行间隙 (x_g) 和在此间隙下物料的密度 (ρ_g),或挤压成饼的厚度 (d_c) 和饼的密度 (ρ_c),由式 (3-2) 计算。值得注意的是,在间隙中物料的密度通常是未知的,因此,计算 q 值的必需数据是饼的厚度和饼的密度。

$$q = 3600 \frac{x_g}{D}\rho_g = 3600 \frac{d_c}{D}\rho_c \tag{3-2}$$

在挤压区中,给矿物料从松散密度 ρ_b 压实到块密度 ρ_c。块密度通常是实际密度的 70% (对细粒高水分物料) 到 85% (对粗粒物料) 的范围。

(2) 比挤压力[1]。比挤压力 (F_{sp},也称为比辊磨力或比压力) 为:高压辊磨机液压系统施加到浮动辊上的总压缩力 (F) 被辊子的投影面积除所得的单位压缩力,由式 (3-3) 表示。

$$F_{sp} = \frac{F}{DL} \tag{3-3}$$

F_{sp} 通常以 N/mm² 或 kN/m² 表示,F_{sp} 是一个影响高压辊磨机性能的重要的运行参数。F_{sp} 的变化范围很大,从 1.0N/mm² 到 9.0N/mm²。采用辊钉的高压辊磨机通常最大的比挤压力限定在 5.0N/mm²。从半工业试验确定的 F_{sp} 能够用于选择辊轴承和确定给定的高压辊磨机所需的压缩力。

(3) 循环系数[2]。循环系数 (CF) 是指高压辊磨机给矿量与其破碎回路给

矿量的比值,即:

$$CF = \frac{高压辊磨机给矿量}{高压辊磨机破碎回路给矿量} \tag{3-4}$$

由于高压辊磨机破碎后的产品中进入检查筛分筛上的部分又返回了高压辊磨机,故循环系数大于1。循环系数的大小反映了破碎产品中小于目标粒度含量的多少,循环系数越小,则说明破碎产品中合格粒级越多,反之则相反。

(4)运行间隙。运行间隙(x_g)是指高压辊磨机两个破碎辊(固定辊和浮动辊)工作面之间的最小平行距离,这是高压辊磨机的一个关键运行参数,它的大小决定着对特定处理矿石的处理能力。一般所说的运行间隙是指静态运行间隙,但真正有意义的是高压辊磨机工作时动态的运行间隙。

如图3-1所示[3],两个直径为D、长度为L的辊以相同的角速度ω旋转,给矿的湿式质量为M的物料通过两个辊时开始被压缩,上部的开始位置由临界压力角α_c标注,下降到两个辊子最小的分离位置——运行间隙x_g。由于施加的挤压力F的结果,矿物颗粒的表观密度(包括内在的孔隙)从其松散状态ρ_b增大到最大的挤压条件下的密度ρ_g。

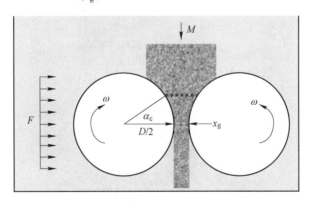

图 3-1 高压辊磨机运行示意图[3]

根据图3-1,运行间隙x_g是运行的结果,与临界挤压角α_c和饼的挤压比(ρ_c/ρ_b)的三角关系相关:

$$x_g = \frac{1000D\cos\alpha_c(1 - \cos\alpha_c)}{\dfrac{\rho_c}{\rho_b} - \cos\alpha_c} \tag{3-5}$$

临界挤压角α_c受比挤压力的影响,通常变化范围为6°~8°。

试验和现有的生产实践已经证明,高压辊磨机的运行间隙与其辊径之比为2%~3%,平均为2.5%。

3.2 高压辊磨机结构

高压辊磨机是由安装在重型无摩擦轴承上的两个相向转动的辊组成，封置于坚固的框架内。高压辊磨机的结构如图 3-2 所示，高压辊磨机的主要部件包括：

（1）两个破碎辊，每个辊包含有主轴、两个轴承和轴承座、一个耐磨防护衬。

（2）液压系统，包含液压总成、液压油缸、氮气蓄能器。

（3）机械支架。

（4）两个驱动系统，每个包含有一个减速机、一个万向轴或 V 形皮带轮、一个安全联轴节和一个主驱动电机。

（5）给矿装置，包含外部给矿溜槽/漏斗、内部导流板。

（6）润滑系统。

图 3-2 高压辊磨机的结构[4]

1—机械支架；2—破碎辊；3—轴承系统；4—液压系统；5—给料装置；6—驱动装置

高压辊磨机的两个破碎辊，其中一个破碎辊（固定辊）的位置固定，另一个破碎辊（浮动辊）则可以沿着无摩擦垫滑动。运行过程中，挤压力通过液压弹簧系统施加到浮动辊上，对由于物料作用在辊上的力进行反作用。破碎辊的给矿来自于安装在辊上方的给料漏斗，漏斗中装有料位控制以保证高压辊磨机连续挤满给矿。正常情况下，来自于漏斗的自由落体矿石足以对辊施加一个单独的力。破碎辊由不同的电机通过减速机连接到辊的主轴驱动，破碎辊可以根据工艺的要求采用定速或变速运行。

有一个扭矩反作用系统来防止减速机转向，并使任何差动力离开架体。破碎辊可以是实体，或者由专门的耐磨块拼装或整体辊胎安装于辊的主轴上，辊面也可以用焊到表面上的硬金属层来保护。在大多数的矿物应用中，辊面是采用植入的碳化钨辊钉来保护的，其有助于在辊面形成一个自生耐磨层，并且有助于物料进入挤压区域。

工业和半工业设备的辊径变化范围为 0.8 ~ 3.0m，施加的力为 2000 ~ 20000kN，在辊之间的运行间隙中的挤压力为 80 ~ 300MPa。大多数矿石和物料的抗压强度位于 50 ~ 300MPa 之间，处理能力为 50 ~ 3000t/h，能耗为 1 ~ 3kW·h/t。

3.3 工 作 原 理[5]

高压辊磨机是在辊式破碎机的基础上发展而来的。辊式破碎机依据破碎辊的数量有单辊、双辊、多辊之分。多辊破碎机在使用、维护上有诸多不便，所以在实践中没有得到进一步的应用。辊式破碎机依据破碎辊表面的性质，可分为光滑辊面和齿式辊面。光滑辊面破碎机主要用来破碎硬度较大的矿石，齿式辊面破碎机主要用来破碎硬度不大的物料，如煤、焦炭等。

由于受设备结构和当时的技术发展水平的限制，辊式破碎机在矿山上的应用受到限制，仅限于破碎磨蚀性极低的水泥工业的原料、脆性物料及其小型矿山的矿石，如石灰石、煤、钨矿石等。

3.3.1 辊式破碎机的工作原理

辊式破碎机破碎时的受力分析[6]如图 3-3 所示。

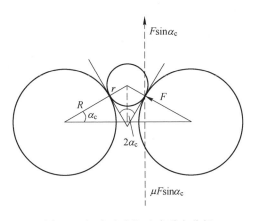

图 3-3　辊式破碎机破碎受力分析

设图 3-3 中破碎辊的半径为 R，被破碎的矿物颗粒按圆形考虑，半径为 r，破

碎辊面间的距离为 $2a(x_g)$，辊面和颗粒间的摩擦系数为 μ，$2\alpha_c$ 为辊面与矿物颗粒形成的啮合角，F 为破碎辊对矿物颗粒施加的力。当颗粒刚好被破碎辊啮合住时，则在垂直方向上有：

$$F\sin\alpha_c = \mu F\cos\alpha_c \tag{3-6}$$

即
$$\mu = \tan\alpha_c \tag{3-7}$$

在辊式破碎机工作过程中，矿石颗粒与破碎辊面之间的摩擦系数随破碎辊的转速而变化，破碎辊的转速取决于所破碎物料的类型和啮合角。啮合角越大，也就是给矿粒度越粗，所需的破碎辊的转速就应越慢，以使物料被更好的啮合；啮合角越小，粒度越细，辊速应当增加，可以增加处理能力。破碎辊的圆周速度变化范围，对于小的辊径，一般为 1m/s；而对于直径 1.8m 的辊，则达到 15m/s 左右。

对辊式破碎机，在矿物颗粒和破碎辊之间的摩擦系数可以根据式（3-8）计算：

$$\mu_k = \frac{1 + 1.12v}{1 + 6v}\mu \tag{3-8}$$

式中　μ_k——动摩擦系数；

v——破碎辊的圆周速度，m/s。

根据图 3-3，有：

$$\cos\alpha_c = \frac{R + a}{R + r} \tag{3-9}$$

在式（3-9）中，可以根据破碎辊的直径和所需要的破碎比（r/a）的关系，确定能够啮合的物料颗粒的最大尺寸。表 3-1 所列为辊式破碎机在啮合角小于 20°的情况下，不同直径的破碎辊所能够啮合的矿石的最大粒径[6]。

表 3-1　不同直径的破碎辊所能够啮合的矿石的最大粒径　　（mm）

辊　径	不同破碎比下能够啮合的最大粒径				
	2	3	4	5	6
200	6.2	4.6	4.1	3.8	3.7
400	13.4	9.2	8.2	7.6	7.3
600	18.6	13.8	13.2	11.5	11.0
800	24.8	18.4	16.3	15.3	14.7
1000	30.9	23.0	20.4	19.1	18.3
1200	37.1	27.6	24.5	23.9	23.0
1400	43.3	33.2	28.6	26.8	25.7

从表3-1中可以看到，由于啮合角限制了辊式破碎机的破碎比，除非采用很大的辊径。在辊式破碎机中，矿物颗粒的破碎主要是靠辊面对颗粒的啮合，因此啮合角对给矿粒度和产品粒度的影响很大。

3.3.2　高压辊磨机的工作原理

高压辊磨机与辊式破碎机的不同点在于：

（1）可以破碎极高硬度的矿石，这些矿石的磨蚀性是辊式破碎机所破碎的水泥工业原料的20~50倍。

（2）工作压力高达80~300MPa，远高于辊式破碎机10~30MPa的工作压力。

（3）采用挤满给矿方式，而辊式破碎机则是饥饿给矿方式。

（4）破碎力是可控的，而辊式破碎机的破碎力是不可控的。

（5）矿物的破碎是靠矿物颗粒间的相互应力作用，而辊式破碎机中的矿物颗粒破碎是靠辊面和颗粒间的作用。

在高压辊磨机中，对硬岩矿石破碎的给矿方式采用挤满给矿，图3-4中对矿物颗粒施加的力除动力系统所施加的力之外，还有给料漏斗高度上物料的重力。另外，颗粒与辊面之间的摩擦系数也由辊式破碎机中矿石与钢的辊面之间的摩擦系数变成为矿石与矿石（自垫层）之间的摩擦系数，破碎时的啮合角也会相应变大。由于高压辊磨机中矿石颗粒的破碎主要取决于高压下颗粒之间的压应力碎裂，和辊式破碎机相比，啮合角的作用则小得多。由于运行间隙与辊径为函数关系，因此高压辊磨机的给料粒度与辊径直接相关。

高压辊磨机的工作原理如图3-4所示，破碎过程示意如图3-5所示。

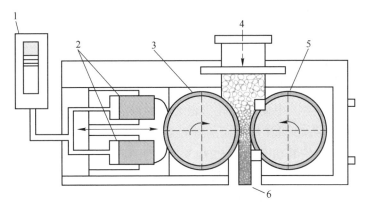

图3-4　高压辊磨机工作原理图[7]

1—氮气储能器；2—液压缸；3—浮动辊；4—给矿；5—固定辊；6—产品

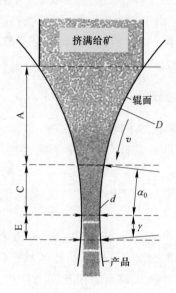

图 3-5 高压辊磨机的破碎过程示意图[4]

A—加速挤压区；C—压实区；E—膨胀区；D—辊直径；d—压实物料厚度；

α_0—压缩区弧长；γ—膨胀区弧长；v—圆周速度

3.3.3 能力计算

高压辊磨机的破碎能力采用下式计算[4]：

$$Q = 3.6sLv\rho = qDLv \qquad (3-10)$$

式中 Q——计算高压辊磨机破碎能力，t/h；

q——比处理能力，$t/(m^3 \cdot h)$；

D——辊直径，m；

L——辊长度，m；

v——辊圆周速度，m/s；

ρ——压实物料密度，t/m^3；

s——压实物料宽度，mm。

目前，已经在生产中使用的高压辊磨机的最大规格是 Freeport-McMoRan 在 Morenci 铜矿的 Metcalf 选矿厂采用的世界上第一台 ϕ3m×2m 的凸缘辊胎 HRC™ 3000 高压辊磨机，安装功率为 2×5700kW （见图 3-6）。目前世界上共有 3 个原矿日处理能力超过 10 万吨的选矿厂采用了新的 "多碎少磨" （高压辊磨）工艺，分别为澳大利亚的 Boddington 铜矿 （100000t/d）、秘鲁的 Cerro Verde 铜矿 （一期 120000t/d，二期 240000t/d）、智利的 Sierra Gorda 铜矿 （110000t/d）。表 3-2 为 KHD 的部分高压辊磨机规格数据[4]。

图 3-6   HRC™3000 及其钢结构塔布置示意图[8]

表 3-2   高压辊磨机的技术数据

规　格	辊子		安装尺寸			处理能力 /t·h⁻¹
	直径/cm	宽度/cm	长/m	宽①/m	高/m	
试验设备	80	25	3.8	3.0	3.17	30~80
RP3.6	120	50~63	4.45	3.0	3.0	100~320
RP5.0	120	80~120	5.0	3.30	3.15	200~750
RPS7	140~170	80~110	9.95	5.7	3.55	300~900
RPS10	140~170	110~140	10.15	6.25	3.85	400~1100
RPS13	170	110~140	10.35	6.75	3.85	500~1500
RPS16	170~200	140~180	10.95	7.35	4.05	650~2100
RPS20	200~220	140~200	13.65	7.75	4.7	900~2900
RPS25	250	220~240	13.65	7.75	5.2	1800~4200

① 不包括减速机、主电机，仅考虑辊子宽度的情况。

3.4   高压辊磨机的结构要素

高压辊磨机的机械结构如图 3-2 所示，由机体、破碎辊、轴承系统、液压系统、给料装置和驱动装置等六部分组成。从生产运行和维护的角度看，辊面、辊钉、辊胎、颊板、偏斜系统、凸缘、边缘块等是关注的重点。

3.4.1　辊面

高压辊磨机的辊面根据所处理物料的性质，有各种不同的形状，如图 3-7 所示。

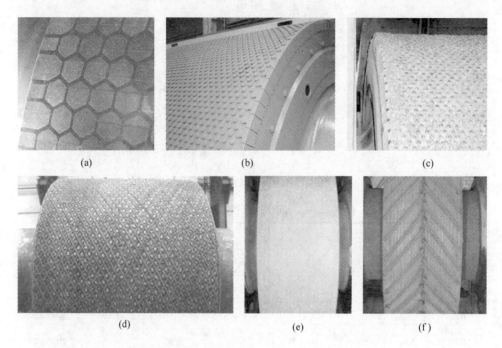

(a)　　　　　　　　　　(b)　　　　　　　　　　(c)

(d)　　　　　　　　　　(e)　　　　　　　　　　(f)

图 3-7　高压辊磨机采用的不同形状的破碎辊面

（a）Köppern 生产的六边形衬辊面[9]；（b）KHD 生产的辊钉衬表面[10]；（c）使用后的辊钉表面[10]；
（d）表面硬化的辊面[11]；（e）光滑辊面[4]；（f）人字形凹槽辊面[4]

实践表明，采用辊钉衬的辊面，比光滑辊面的处理能力要高 50%~100%，而凹槽辊面的处理能力则介于辊钉辊面和光滑辊面之间[4]。

3.4.2　辊钉

目前，在高磨蚀性的冶金矿业硬岩破碎中，高压辊磨机主要采用辊钉辊面（见图 3-8）。辊钉采用碳化钨材料制成，辊钉之间的辊面也采用与辊钉同样的材料形成保护层，以保证其有同样的磨损速率。辊钉的性质取决于其化学成分、晶粒粒径、硬度、刚度等，辊钉的质量则需要在断裂最小的情况下，满足耐磨的要求。

一般来说，耐磨性是硬度的函数，但是，增大硬度会增加辊钉断裂的可能性。在大的给矿粒度下坚韧的矿石能够造成一般性辊钉碎裂，此时的辊面可以直接修复，但有时会造成严重的辊钉碎裂，则需要尽早移除更换辊胎。运行实践证

图 3-8 辊钉辊面及部分辊钉[12]

明，采用辊钉的辊胎寿命实际上取决于矿石性质（研磨度、给矿粒度、给矿粒度与运行间隙之比）和碳化钨辊钉（长度、硬度或成分）之间的相互作用。在矿石和辊钉性质之间复杂的相互作用导致了辊面的寿命在处理研磨性高的矿石条件下长于处理研磨性低的矿石的场合。特别是，矿石坚韧性和给矿粒度可能限制最大可接受的辊钉硬度，以避免辊钉碎裂。研磨性低但坚韧的矿石有时需要采用较软的辊钉，如果其采用了更硬的辊钉，会导致磨损速率比处理研磨性高的矿石更高。

选择合适的耐磨防护材料的前提是要对矿石性质的熟悉或了解，以及对矿石和耐磨材料之间相互作用的了解，这种了解是很关键的。当没有新选厂所要处理的矿石的历史资料时，则要掌握一个原则：研磨性高的、脆的和细粒的矿石建议采用高等级耐磨辊钉；低研磨性的、坚韧的和粗粒的矿石建议采用较软的辊钉[2]。

采用辊钉辊面的使用寿命与处理的矿石性质有关，在金刚石矿石的破碎中，辊胎的使用寿命已经超过了 6000h，预计可以超过 10000h；在铁矿石破碎上，已经超过了 10000h；在铁精矿增加比表面积的细磨上，已经超过了 20000h；在高磨蚀性的铜矿石破碎上，其使用寿命为 4000~5000h。如在智利的一个铁矿，通过调整辊钉硬度，使得辊面寿命取得了较大的延长。原有辊钉辊面由于重大的辊钉碎裂，6 套辊面寿命都没有超过 12000h。后来在第一套辊面上降低了辊钉的硬度，消除了由矿石造成的辊钉碎裂。在经历了 5000h 的耐磨条件运行之后，认为辊面寿命将会超过 20000h。

2007 年 6 月，在 PTFI 的 C1/C2 选矿厂的破碎车间安装试车投产了两台 POLYCOM 20/15-7 高压辊磨机，每台安装功率为 3600kW，作为第四段破碎。投产后高压辊磨机的比处理能力与设计的按比例放大值相比，至少高 30%。由于比处理能力的结果，比功率输出和产品粒度低于工业应用中按比例放大的设计值。这些因素的影响也使辊子的磨损速率低于预期值。安装的辊钉辊面使用寿命超过了 18500h，而在实验室试验预计的目标值为 6850h[13]。

3.4.3 辊胎

高压辊磨机的主要磨损部件是破碎辊，破碎辊的设计目前主要有三种形式：

实体辊、实体辊外包整体辊胎、实体辊外包拼装辊胎。

实体辊通常采用复合材料铸造或锻造，铸造的实体辊不再需要辊面防护，但可以是光滑的辊面，或有凹槽的辊面，也可安装辊钉；锻造的实体辊辊面则需要有硬表面保护，或熔焊，或包硬合金瓦，或安装辊钉。采用实体辊的高压辊磨机主要用于水泥工业破碎煅烧后的石灰石等原料，由于水泥工业的原料易碎易磨，因而辊的使用寿命长。在金属矿山由于矿石磨蚀性高，基本上不采用实体辊。

整体辊胎是采用复合材料、贝氏体、硬镍整体铸造或锻造而成，由于其耐磨性能高，因此主要应用于冶金矿山行业处理高磨蚀性的矿石及物料。目前应用中的最大整体辊胎直径是 3.0m，最大的整体辊胎宽度是 2.0m。

拼装的辊胎是采用钢或硬镍铸造，近年来也应用很多，但实践表明，多块拼装的辊胎仅限于挤压压力低的领域应用，如在水泥工业则不适用。不过仍有一些拼装的辊胎用于铁精矿的研磨和金刚石矿石的破碎。

外包辊胎的两种形式在特点上各有长短（见表 3-3）：拼装辊胎更换时间短（1~2 天），辊胎运送容易；整体辊胎维护量少，使用寿命长，更换麻烦，一般是将破碎辊整体拆下，随即换上备用辊，然后将换下的磨损的破碎辊整体运送到具备拆装整胎的车间或维护点进行拆装。

表 3-3　整体辊胎和拼装辊胎的特点比较[14]

整 体 辊 胎	拼 装 辊 胎
投资费用低	投资费用高
没有接缝	拼装有接缝，易破损，维护费用高
整体规整，易于制造	形状不统一，制造繁琐
使用寿命长	使用寿命短
容易翻新	翻新困难
损耗低	损耗高
适用范围广	仅适用于低压碎磨

整体辊胎在主轴上的固着和再利用辊胎的能力是高压辊磨机辊子的最重要的特点。Polysius 在高压辊磨机的早期阶段开发了一种设计[2]，采用一个锥形（圆锥形的）座，用于辊胎缩进适配到主轴上（见图 3-9）。与圆筒形（平行的）座相比，这种设计的优点是圆锥形的座对制造误差更宽松，辊胎的拆卸不需要加热和冷却（只用油压机），在辊胎的安装期间只需要相对温和的温度和极小的间隙；后面两个特点减少了辊胎更换所需的时间。更短的加热和冷却周期，这种理念对在偏远地区的辊胎更换是一个先决条件。因为只需要有限的工具和加热能力，这种装配方式在几个偏远地区已经成功地进行了就地辊胎更换。

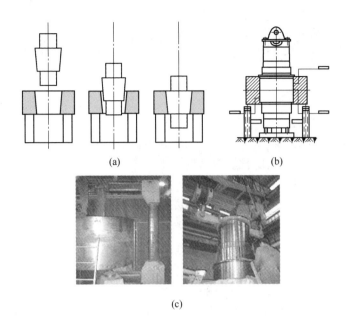

图 3-9　辊胎缩进适配的锥形座

（a）易于安装和拆卸；（b）注油拆卸；（c）低温感应加热装配

此外，Polysius 开发了一种辊胎的多次使用设计[2]（见图 3-10（a））。如果锻件的价格很高，又靠近当地的辊胎制造或翻修车间，这种设计特别有利。辊胎能够以更小的直径再利用一次，或者通过把磨损的辊胎再焊接到原有的直径再利用多次。在这两种情况下辊钉都要从磨损的辊胎上拆下，把辊面加工好后，或直接安装辊钉，或在表面重新焊接之后安装辊钉。

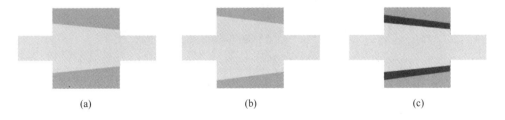

图 3-10　不同辊胎的设计思路

（a）多次使用"厚"辊胎；（b）单次使用"薄"辊胎；（c）中间辊胎

如果锻件的价格很低，并且现场所处地区偏远，又没有翻修车间，多次使用的概念就很少有吸引力。在这种情况下，单次使用的辊胎（图 3-10（b））更薄，又便宜，只使用一次常常是更经济的。因此，偏远地区可采用单次使用的辊胎，就地更换和处置更方便。

另外一种是采用中间辊胎（图 3-10(c)），可以在单次使用的和多次使用的辊胎之间切换，这种设计是根据一个中间辊胎能够在任何时间安装上或拆除掉。中间辊胎的设计为利用锻件价格的变化，把辊胎从多次使用永久性地转换为单次使用，或者在两种选择之间切换。

3.4.4　颊板

颊板，也称为侧板，用于非凸缘式的高压辊磨机使用，其作用是阻止矿石从侧面短路，以充分发挥高压辊磨机挤满给矿的高效破碎作用。由于高压辊磨机工作期间，辊之间运行间隙中的压力在整个辊的宽度上是不均匀的，在辊的中心区域压力最高，而在辊的边缘区域压力下降，由于这种压力差的作用，使挤压区的物料容易从中间向边缘方向移动，造成挤压区压力下降，物料"逃逸"，加速辊面及边缘磨损（见图 3-11）。为了使这些区域最小化，以保证物料在挤压区没有横向移动，高压辊磨机设计了颊板。由于颊板的位置决定了在破碎过程中它要承受很高的挤压力和摩擦力，因此在高压辊磨机使用的早期，颊板的磨损和更换是影响高压辊磨机运转率的重要原因之一。在 20 世纪 90 年代，用于高磨蚀性的矿石，高压辊磨机颊板的使用寿命有时甚至仅有一天。为此，颊板的耐磨性能成为保障高压辊磨机运转率的一个重要因素，对其耐磨材料和颊板的形状、结构都在不断地改进。图 3-12 为早期不同颊板的结构形式。

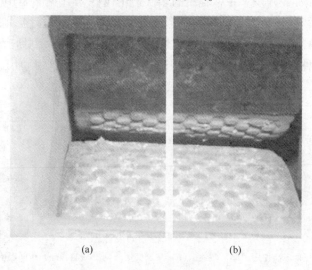

(a)　　　　　　　　　　　　(b)

图 3-11　辊的磨损状况[15]

(a) 有颊板；(b) 无颊板

从图 3-12 中可以看出，Koeppern 把其颊板分为上下两部分，上部分压力低的区域采用硬面材料堆焊，下部分压力高的区域采用碳化钨合金板，颊板采用装

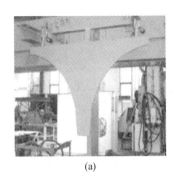 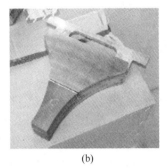 

(a)　　　　　　　　　　(b)　　　　　　　　　　(c)

图 3-12　不同结构形式的颊板[16]

(a) KHD；(b) Koeppern；(c) Polysius

有弹簧的夹紧螺栓，以便于调节，可以使其补偿啮合区物料的压力变化。
Polysius 则将颊板采用更硬的硬面合金瓦片，其使用寿命可以达到其辊胎使用寿
命的一半，最终的目标是使颊板的使用寿命和辊胎一致。Polysius 最初没有采用
弹簧夹紧调节方式，颊板与辊沿之间的间隙由于给料粒度离析的因素考虑设定在
4~5mm 或更大一些，颊板的拆卸和更换需要约 1 个班的时间。KHD 的颊板也是
由两部分组成，上部的侧壁衬板是耐磨材料，下部是专用品级的碳化钨合金。

　　在高压辊磨机使用早期，当破碎极硬的物料时，颊板的过度磨损使高压辊磨
机的运转率受到影响。为此，使用者会采用一种旁通方式，在破碎辊的两端外沿
安装一个箱式溜槽（rock box）代替颊板，使边缘区的矿石旁通后再返回破碎。
箱式溜槽的位置示意图如图 3-13 所示。

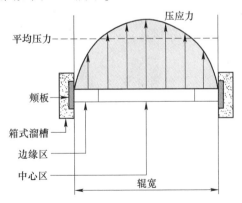

图 3-13　高压辊磨机沿辊宽度上压应力分布示意图[16]

　　采用箱式溜槽代替颊板后，破碎极硬的矿石时，边缘区的矿石由于压应力很
低，难以被破碎，会在破碎产生的应力场作用下，沿破碎辊轴向向边沿移动进入
箱式溜槽，循环返回破碎回路。根据澳大利亚的 Argyle 金刚石矿的经验，这部分
旁通的没有破碎的矿石量在 20%~30% 之间。采用旁通的方式固然可行，但会不

可避免地造成部分粗粒物料进入产品中。

在硬岩矿石破碎过程中，一般均采用辊钉辊面。由于辊钉只是在运行到挤压区域才进入负荷状态，即每个辊钉只有约3%的运行时间是在有负荷的情况下，而在挤压区的颊板则是100%的运行时间处于负荷状态下，因此颊板的使用效果直接影响着高压辊磨机的运转率和辊磨效果。

截至目前，颊板的使用已经到了第四代，颊板的耐磨寿命已经大大地延长了。最初的整体颊板（第一代）在挤压区采用相对薄的（20mm）硬金属瓦（见图3-14（a））。而第三代颊板则由一个衬耐磨层的架子和一个可替换的装有硬金属块的卡盘组成，并且作为挤压区的耐磨保护（见图3-14（b））。卡盘可以单独更换或和颊板架一起更换。卡盘的更换周期主要取决于硬金属块的厚度，通常在2500~3000h之后更换。更换硬金属块卡盘所需的时间约为2h，整个颊板的更换约需4h[2]。

在挤压区的硬金属块的设计已经进行了优化，使其所需的硬金属量最小化（见图3-14（b），夹心设计），或通过从两边利用金属块（见图3-14（b），金属块双面利用），从而提高安装的硬金属块的利用率以降低成本。

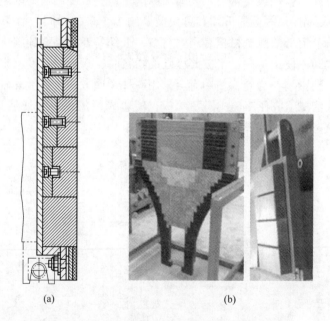

(a) (b)

图3-14 第一代颊板和第三代采用硬金属块的颊板

(a) 第一代颊板；(b) 第三代颊板：装有可替换卡盘的架子，卡盘上为夹心或双面使用的硬金属块

颊板在运行过程中也会干扰辊的边缘，需要适当调整（见图3-15）。调整需要在浮动辊和颊板之间留出足够的空隙，且必须保证在颊板和辊面之间的间隙朝向挤压区是增加的（正倾斜），这样才能保证颊板始终处于合适的状态。如果颊板安装不合适，同样会造成辊的边缘的磨损（见图3-16）。

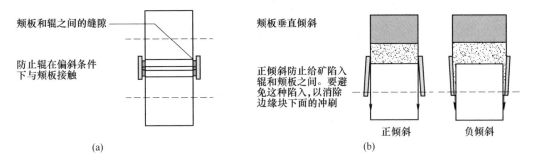

图 3-15 颊板对容许偏斜的调整(a)和避免物料卡住(b)[2]

图 3-16 由于颊板安装调整不合适造成的辊边缘磨损[2]

图 3-17 所示为一种新的颊板系统，该系统包括三个可调节的弹簧载荷，其中两个在颊板系统的顶部，一个在底部。弹簧载荷元件互相之间独立动作，这就保证了即使在可移动辊子偏斜的情况下，在辊子边缘和颊板之间也是尽可能小的间隙。

图 3-17 Enduron®颊板系统[15]

　　当可移动辊子偏斜时，颊板被稍微推向一边，偏斜辊的动力定位装置压缩弹簧（见图3-18），在固定辊一边的颊板仍在位置上。在两个辊子的两边，颊板密封着辊子的边缘，防止物料旁通过破碎过程。

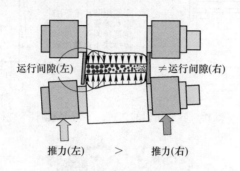

图 3-18　偏斜状态下颊板的作用

3.4.5　偏斜功能

　　在高压辊磨机运行过程中，为了取得理想的辊磨粉碎结果，在整个辊胎的长度上需要一致均匀的挤压力分布。但在实际生产运行过程中，由于各种因素（矿石粒度分布、设备结构特性、给矿设计）的影响，理想的辊磨结果在高压辊磨机中并不能完全实现。允许高压辊磨机的一个辊子在需要时能够移动，将会有助于更接近理想的运行状态和应对不均匀的给矿，这种移动的能力称为偏斜。

　　高压辊磨机运行过程中的粒度缩小主要是通过颗粒间的破碎来实现的，其需要一个颗粒的密实层及超过物料抗压强度的挤压力。理想状态下，均匀的挤压力分布会保证在没有超过所需的压力太多、没有浪费能量的条件下，产生所需要的产品粒度。但高压辊磨机设计的不合适，或者运行程序不合适都可能造成辊胎表面的某些区域没有达到所需的挤压力，导致整个辊胎长度上挤压区域的挤压力分布不均匀，因而达不到所要求的粉碎效果。

　　造成挤压力分布不均匀的主要原因有两个：一是高压辊磨机的不均匀给矿；二是高压辊磨机结构上存在的边缘效应。

　　不均匀给矿可能是质量不均匀或者物料性质（如粒度或硬度）不均匀的结果，也可能是物料输送或转运过程中产生的离析所致的结果。

　　边缘效应则是在高压辊磨机的运行间隙中，其挤压力朝着边缘的方向，由于物料具有"逃离"高压区的趋势，因而会出现降低的现象。与中心区域相比较，越靠近边缘的物料越可能离开辊子之间的挤压区域向边缘移动，并通过辊的边缘而不是通过运行间隙"溢出"而进入产品，导致辊边缘区域的产品粒度比辊的中心区域的产品粒度粗得多。

为了解决上述存在的挤压力分布不均匀的问题，考虑了三个途径：

（1）在高压辊磨机运行间隙的两端安装颊板以减小边缘效应。

（2）加大辊的长径比。因为在直径不变的情况下，辊的长度越长，边缘效应对高压辊磨机产品的影响越小，因而其产品在后续作业所需的标准能耗也越小。图 3-19 给出了作为长径比（L/D）比值函数进入后续工艺的每吨产品的标准能耗[17]。很明显，从理论上讲，大的长径比是有利的，其会使在给定的挤压力下每吨产品的总能耗降低。但长径比越大，运行中的灵活性可能会受限，会制约辊子移动的可能性，同时，会给高压辊磨机的机械结构及总体布置带来难度和不可行性（详见 4.2 节）。

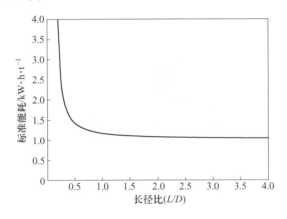

图 3-19　作为长径比（L/D）比值函数的每吨物料进入后续作业的标准能耗

（3）在高压辊磨机的两个破碎辊位置结构上设计为一个辊固定、一个辊浮动，这就使高压辊磨机在遇到给矿性质不均匀的情况下，通过自身动作调节可移动的浮动辊来应对处置挤压力分布不均匀的状态，这也就是高压辊磨机自身浮动辊的偏斜功能。

由于高压辊磨机的结构和工作原理的特殊性，偏斜是保证其正常有效运行的关键环节。高压辊磨机工作时，采用的是挤满给矿和恒定压力状态，由于矿石性质的不均匀性和沿辊的长度方向上边缘效应的存在，使得挤压区各点的压力不完全相同。图 3-20 给出了偏斜的原理及在不均匀的给矿条件下如何有助于保持一个均匀的挤压力分布。均匀的给矿会导致均匀的挤压力分布，只是在朝向边缘的位置会下降（见图 3-20（a））。如果高压辊磨机的给矿变得不均匀或离析，没有偏斜的系统会导致在辊子一边局部的高挤压力，而在另一边则为低的挤压力（见图 3-20（b））。偏斜允许在一边出现较小的运行间隙，而在另一边为较大的运行间隙，同时保持一个均匀的挤压力分布，偏斜的程度和持续时间都约束于由控制系统管理的可接受的范围内（见图 3-20（c））。

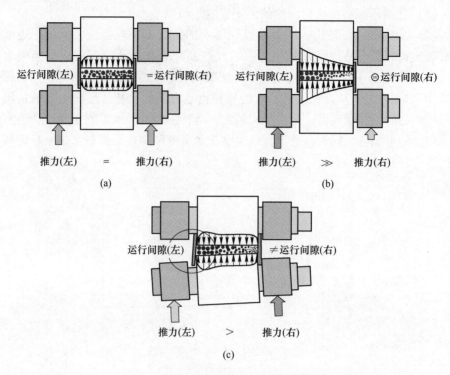

图 3-20　高压辊磨机偏斜原理示意图(俯视图)[17]

(a) 均匀给矿分布；(b) 离析给矿分布(无偏斜)；(c) 离析给矿分布(有偏斜)

根据目前 $\phi2.4m\times1.6m$ 高压辊磨机在硬岩矿山的实际应用情况，偏斜的程度应不大于 10mm[17]。

3.4.6　凸缘

凸缘是在 HRC™ 高压辊磨机上出现的消除原有的高压辊磨机结构形式存在的边缘效应的一种新的结构配置（见图 3-21）。凸缘的设计极大地消除了之前高压辊磨机存在的边缘效应，改变了沿辊的长度方向上的挤压力分布（见图 3-22）。

如图 3-22 所示，当采用传统的颊板运行时，边缘的压力比中心的压力低得多，这与辊胎上产生更粗产品的区域相对应。相反，当安装上凸缘后，在辊胎的整个长度上挤压力更加一致，表明辊胎的整个宽度都用于破碎。图 3-23 所示为装有凸缘的破碎辊。

更重要的是当破碎矿石时，装有凸缘的破碎辊对给定的矿石有一个最佳的压力值。低于这个压力值，会影响破碎；而高于这个最佳压力值，会使能效降低，浪费能量。因此，在整个辊胎长度上保持一致的挤压力是最重要的，这样才能够

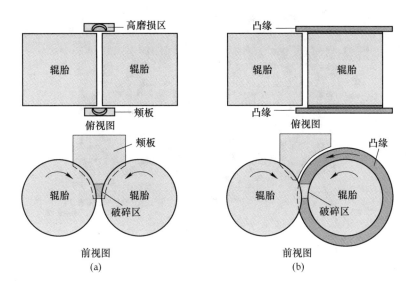

图 3-21 带颊板的传统高压辊磨机(a)与带凸缘的 HRC™ 高压辊磨机(b)比较[8]

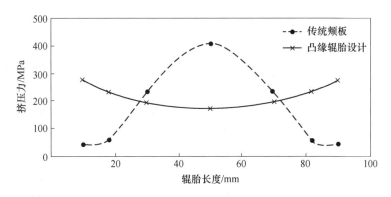

图 3-22 有凸缘和无凸缘在实验室高压辊磨机辊胎宽度上的压力剖面[8]

保证最佳挤压力施加到整个挤压区域的物料上。在传统的颊板设计情况下，系统的总压力通常要提高以增加在辊胎边缘破碎的量，然而，这也导致在辊胎的中心区域施加了更高的压力，造成了能量的浪费，增加了辊胎中心位置额外的磨损。此外，在采用颊板设计选择辊钉硬度和成分时，还需要考虑更高的局部压力以避免辊钉碎裂，而凸缘的采用则基本上消除了这种影响。

采用凸缘设计后的破碎试验结果表明，随着边缘效应的基本消除，在所有的条件和挤压力下，高压辊磨机在整个辊胎的长度上提供了更多的破碎能力；相对于传统的带颊板的设计，HRC™ 型高压辊磨机的处理能力大为增加。由于凸缘的设计，平均降低了 13.5% 的回路比能耗和约 24% 的循环负荷，而比处理能力增加了 19%。

图 3-23　装有凸缘的破碎辊[2]

3.4.7　边缘块

边缘块是在高压辊磨机用于硬岩矿石处理时才出现的预防措施。当处理低研磨指数的矿石（水泥、石灰石）时，破碎辊的边缘没有明显的磨损，因而边缘不需要预防性的磨损防护。硬岩矿石处理上出现破碎辊肩部过度磨损的第一个实例是 2002 年在 Argyle 金刚石矿，如图 3-24（a）所示。在安装工业用设备之前所进行的半工业试验期间，由于在小型试验设备上的颊板相对容易保持平行和调节，颊板就会紧贴在辊子的两侧，因而没有出现此类问题。而在工业用设备上，由于颊板的规格大得多，在颊板的一侧很小的移动会导致毗邻的边缘一个相对大的开口，导致给矿物料很容易通过颊板小的间隙而挤出，从而对破碎辊的边缘过度磨损。

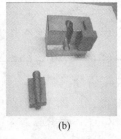

（a）　　　　　　　（b）　　　　　　　（c）　　　　　　　（d）

图 3-24　边缘磨损问题和解决方案[16]

发现边缘过度磨损的问题之后，专门设计了由高耐磨材料制成的边缘块。经过试验之后，新设计的边缘块采用螺栓固定安装到破碎辊的边缘，然后边缘块上装有侧辊钉（见图 3-24（b）），使破碎辊的磨损保护从辊钉到边缘块形成了完整的防护。侧辊钉由与辊钉类似的材料制成，不需要焊接，辊钉与辊胎具有完全一样的服务寿命。国内使用的辊钉也有类似的形式（见图 3-24（c））。图 3-24（d）所示为国内生产运行中的边缘块。

国外边缘耐磨防护的最新形式如图 3-25 所示，采用凸缘的破碎辊则不需要单独的耐磨边缘块。

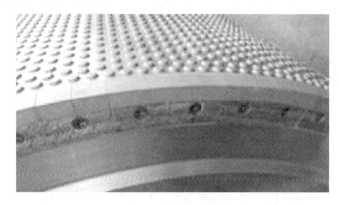

图 3-25　国外目前使用的边缘块[2]

参 考 文 献

[1] Wang F, Klein B. A review of 10 years of HPGR pilot tests at the University of British Columbia [C]∥SAG 2019, Vancouver, 2019：14.

[2] Burchardt E, Mackert T. HPGRs in Minerals：What do more than 50 hard rock HPGRs tell us for the future?（Part 2—2019）[C]∥SAG 2019, Vancouver, 2019：26.

[3] Sepúlveda J E, Tobar E, Figueroa S. Model-based laboratory/plant scale-up of HPGR circuit performance [C]∥SAG 2019, Vancouver, 2019：40.

[4] Weir Minerals. [EB/OL]. [2013-06-16]. http：∥www. weirminerals. com/products＿services/ comminution＿ solutions/high＿ pressure＿ grinding＿ rolls/khd＿ hpgr. aspx.

[5] 杨松荣, 蒋仲亚, 刘文拯. 碎磨工艺及应用 [M]. 北京：冶金工业出版社, 2013：76~79.

[6] Wills B A, Napier-Munn T. Mineral Procesing Technology [M]. 长沙：中南大学出版社, 2008：132~136.

[7] Ntsele C, Sauermann G. The HPGR technology—the heart and future of the diamond liberation process [C]∥The South African Institute of Mining and Metallurgy, Diamonds-Source to Use 2007（s1）：2007.

[8] Herman V S, Harbold K A, Mular M A, et al. Building the world's largest HPGR—the HRC[TM]3000 at the morenci metcalf concentrator [C]∥Klein B, McLeod K, Roufail R, et al. International Semi-Autogenous Grinding and High Pressure Grinding Roll Technology 2015, Vancouver：CIM, 2015：37.

[9] Pyke P, Johansen G, English D, et al. Application of HPGR technology in processing gold ore

in Australia ［C］// Department of Mining Engineering University of British Columbla. SAG 2006, Vancouver, 2006: Ⅳ-80~93.

［10］ Maxton D, van der Meer F, Gruendken A. KHD humboldt wedag—150 years of innovation new developments for the KHD roller press ［C］// Department of Mining Engineering University of British Columbia. SAG 2006, Vancouver, 2006: Ⅳ-206~221.

［11］ Broeckmann C, Gardula A. Developments in high-pressure grinding technology for base and precious metal minerals processing ［C］// Proceedings of the 37th Annual Meeting of the Canadian Mineral Processors. Ottawa: 2005: 285~299.

［12］ Gardula A, Das D, DiTrento M, et al. First year of operation of HPGR at Tropicana gold mine-case study ［C］// Klein B, McLeod K, Roufail R, et al. International Semi-Autogenous Grinding and High Pressure Grinding Roll Technology 2015. Vancouver: CIM, 2015: 69.

［13］ Banini G, Villanueva A, Hollow J, et al. Evaluation of scale up effect on high pressure grinding roll (HPGR) implementation at PT freeport indonesia ［C］// Department of Mining Engineering University of British Columbia. SAG 2011, Vancouver. 2011: 171.

［14］ Klymowsky R, Patzelt N, Knecht J, et al. Selection and sizing of high pressure grinding rolls ［C］// Mular A L, Halbe D N, Barratt D J. Minerl Processing Plant Design, Practice, and Control Proceedings, Vancouver: SME, 2002, 1: 636~668.

［15］ van der Ende R, Knapp H, van der Meer F. Reducing edge effect and material bypass using spring-loaded gheek plates in HPGR grinding ［C］// Department of Mining Engineering University of British Columbia. SAG 2019, Vancouver, 2019: 61.

［16］ Dunne R. HPGR—the journey from soft to competent and abrasive ［C］// Department of Mining Engineering University of British Columbia. SAG 2006, Vancouver, 2006: Ⅳ-190~205.

［17］ Knapp H, Hannot S, van der Meer F. HPGR: Why skewing is a requirement for operational applications ［C］// Department of Mining Engineering University of British Columbia. SAG 2019, Vancouver, 2019: 63.

4 高压辊磨机运行的影响因素

高压辊磨机不同于常规破碎机的工作原理，使得其运行条件苛刻，控制要求高。影响高压辊磨机正常运行的因素基本上可以分为四类：

（1）所处理矿石的性质，如矿石密度、硬度、抗压强度、粒级分布及最大给矿粒度、含水量、黏性物质含量等。

（2）与设备结构相关的因素，如辊面形式、长径比（L/D）。

（3）设计上考虑的物料输送及转运方式、给矿方式、缓冲要求、输送和给矿过程中的离析、给矿漏斗中的填充料位及可流动性、旁通物料的量等。

（4）高压辊磨机运行的操作因素，如启动方式、高压辊磨机的转速、运行间隙、比挤压力、循环负荷、偏斜等。

4.1 给矿性质

与常规破碎机不同，高压辊磨机要求的给矿性质更苛刻，并非所有的矿石都可以采用高压辊磨机进行破碎。高压辊磨机适合于硬的、含泥量少、水分适中的矿石，且对给矿的粒度要求严格。给矿中必须有一定的细粒级含量，便于在辊胎的表面形成自生耐磨层（也称为自垫层）。

4.1.1 密度和粒度

矿石密度对比处理能力有重大的影响，因为高压辊磨机的主要表现恰似一个容积装置，物料密度越高，则产生的比处理能力越高。

高压辊磨机的最大给矿粒度是一个非常严格的运行参数。到目前为止，研究和生产实践都表明，高压辊磨机的给矿必须来自于上游作业检查筛分的筛下产品，即意味着前一段破碎作业必须闭路运行。

一般地，传统的三段破碎作业在粗碎和中碎采用开路破碎，在磨矿之前的第三段采用闭路破碎。然而，当第三段采用高压辊磨机之后，中碎必须闭路以保证一个绝对可控的最大给矿粒度给到高压辊磨机。这是因为过大的颗粒可能在挤压带之前的啮合区域的辊面之间造成单颗粒破碎事件。虽然在挤压带之内的力几乎与辊面是完全垂直的，但在啮合区域的单颗粒事件中则由于啮合角的存在而产生了一个重要的切向分力，这个切向分力可能造成用于创造辊面自垫层的硬质合金辊钉的断裂。

高压辊磨机可接受的最大给矿粒度取决于辊径和给矿物料的硬度或坚韧度。直径越大,运行间隙越大,可接受的最大给矿粒度越大;给矿物料越硬,建议的最大给矿粒度越小。高压辊磨机的运行间隙是其辊径的函数。早期的研究结果认为[1],给矿粒度与直径呈线性关系,粗略地说,对直径较小的 1.4m 辊径,最大给矿粒度应当为 38mm;对 2m 的辊径,最大给矿粒度为 50mm;对 2.4m 的辊径,最大给矿粒度为 64mm。

最大的给矿粒度是由预期的运行间隙和矿石的硬度确定的。对抗压强度 $UCS>180MPa$ 的硬岩矿石,最大给矿粒度不应大于运行间隙;对 $UCS<80MPa$ 的软矿石,最大给矿粒度可以达到 1.5 倍的运行间隙;对中等硬度的物料,最大给矿粒度应当不大于 1.25 倍的运行间隙(见图 4-1)。

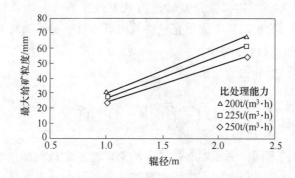

图 4-1　不同比处理能力下辊径与最大给矿粒度的关系[1]

一般来说,施加到高压辊磨机上的力越大,在其表面上的磨损越大,越大和越硬矿石颗粒需要越大的力来破碎它们,因而磨损会增加。在破碎期间,大的颗粒会在辊的表面产生大的局部峰值负荷,这个负荷变化会导致在辊的表面更高的磨损速率[2]。

根据目前使用的高压辊磨机的运行实践,认为其最大给矿粒度应等于或小于运行间隙。对高压辊磨机给矿中不同循环负荷比率的研究也表明[3],增加给矿中的循环负荷比率,可使得高压辊磨机总给矿变得更细。随着粒度分布变细,在辊子之间形成的物料床层变得更均匀,得到的排矿也更细,破碎比也增大。同时,给矿中必须含有一定量的细粒有助于形成自垫层。

在对坚硬、耐研磨矿石的研究中[4],发现采用截取粒级(非全粒级,如筛上产品)给矿的磨损速率比采用全细粒给矿或无截取粒级给矿的磨损速率高得多,截取粒级的给矿会加大辊面磨损和辊钉断裂的风险。

给矿粒度分布对大块矿石的比处理能力有重要的影响。给矿粒度分布越窄,比处理能力越低(见图 4-2)。物料中只有很少的细粒填充颗粒之间的空隙,能使压实的程度更大,这就减小了间隙和处理能力。

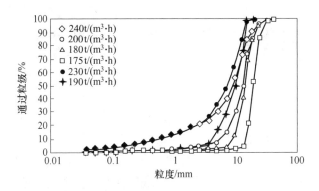

图 4-2　不同给矿粒度分布条件下的比处理能力[2]

最大粒度和给矿粒度分布也影响产品细度。图 4-3 所示为两个全粒级给矿物料（0~18mm，0~40mm）和一个截取粒级给矿（6~40mm）的产品细度。比挤压力是在产品细度随着比挤压力增加而呈线性增加的范围内。最大粒度小于40mm 和 6~40mm 的给矿在相同的比挤压力下得到更粗的产品，6~40mm 的截取给矿产生了最粗的产品。增加的辊磨力能补偿这种粒度差别，但只是部分补偿。

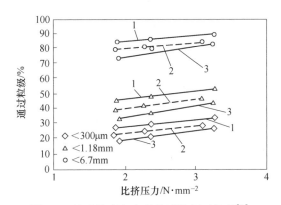

图 4-3　给矿粒度与产品粒度的相互关系[2]
1—给矿粒度 0~18mm；2—给矿粒度 0~40mm；3—给矿粒度 6~40mm

4.1.2　水分

不同于圆锥破碎机的工作原理，高压辊磨机的挤压过程和产品与矿石中所含的水分相关程度更高。高压辊磨机正常运行时，其给矿为挤满给矿状态。由于给入的矿石中含有水分，可以视其为固液两相状态。当水分含量低时，水分主要呈吸附状态附着于矿石颗粒表面，存在于矿石颗粒之间的空隙中，彼此互相之间不连续，故对其所存在周围的环境没有明显的影响。在高压辊磨机运行过程中，由于高挤压力的作用，矿石中所含的水分会随着矿石中空隙度的缩小而逐渐凝聚形成连续相，同时固液两相的表观密度也开始增大。此时，如果给入矿石中所含水分高，在高挤压力作用下，就会使表观密度增大达到水饱和状态。达到水饱和状态之后，由于多余水的存在，会使含水矿石呈现浆体状态，会给高压辊磨机的挤压破碎过程带来严重的影响和后果。

图4-4所示为矿石空隙度与所含水分的关系。矿石中水分从非常低的值增加，在低水分矿石的空隙度中，含水矿石的表观密度开始上升直到矿石达到其水饱和（临界水分）条件。超过了临界水分条件之后，含水矿石的表观密度下降，此时由于多余水的存在，含水矿石开始呈现浆体状态，而与矿浆空隙度无关。例如，孔隙度为15%的矿石在大约6%或更多的水分时达到水饱和条件。

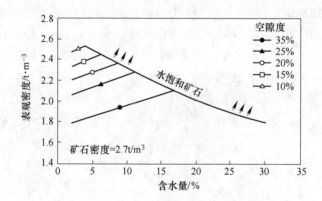

图4-4 矿石中含水与空隙度和表观密度的关系[5]

图4-5所示为随着矿石从35%的空隙被挤压到更低的空隙度时，作为残留水分函数的饼的挤压比（ρ_c/ρ_b）的变化。可以看出，饼挤压比的降低对高压辊磨机的性能也是有害的。

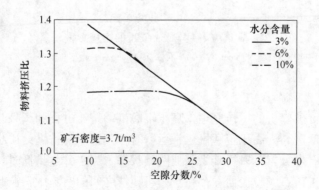

图4-5 水分与挤压比和空隙分数的关系[5]

给矿中水分的影响也与物料类型和辊面形式相关，如图4-6所示。在细粒物料中，水分对颗粒之间的摩擦力影响远大于粗粒物料，导致更低的裂解力，降低了比处理能力。虽然细粒的精矿能够在高的水分含量（8%~12%）下处理，但对每种类型的细粒精矿都有一个临界水分含量，不应当超过。

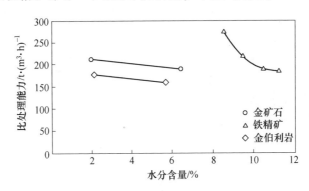

图 4-6　给矿水分与比处理能力的相关性[2]

一般情况下，高压辊磨机的给矿中含有少量的水分有益于促进在辊钉衬表面自垫层的形成。另外，过量的水分也会导致由表面的矿粒-金属腐蚀所造成的辊面（光面和辊钉辊面）的高度磨损。生产实践表明，高压辊磨机的给矿最好含有一定的水分（≤5%）[6]，当采用辊钉衬时，这有助于形成一个很结实的自生耐磨表面。当给矿中含有的水分高时，在高的挤压力下运行，可能在辊钉之间会产生物料流动和喷出现象，这种流动和喷出现象可能是放射状，或者是对角线状和轴向的。由于在高压辊磨机轴向上由中间向两端存在着很大的压力差，当给矿中水分含量高时，导致矿石与辊面之间的摩擦力减弱，极易产生轴向流动现象，会沿着辊钉布置方式产生轴向磨损通道，造成辊胎的边缘磨损。

图4-7所示为两种试验物料在 $4~8N/mm^2$ 的比挤压力和不同的水分含量水平下的磨损速率。黏土和石英构成的物料在更高的水分下磨损速率显示出非常陡的增加，这是由于在辊面的滑移造成的；对这种类型的物料，增加的比挤压力加重了磨损。石英/长石的给矿物料遭受的滑移更少，因此在高水分下磨损较低。

根据现有的生产实践，与高压辊磨机构成闭路的湿筛的筛上产品的含水量一般不会超过4%。在此条件下，循环负荷中的水分含量不会对高压辊磨机的给矿产生不利影响。

4.1.3　含泥量

由于高压辊磨机是在极高的压力下运行，所给矿石中不能含有过量的黏土或黏性矿物，这些黏土或黏性矿物在高的挤压力作用下会形成结实的饼状或片状，给后续的作业带来打散的问题。但是，少量的黏土矿物（如绢云母等）可能是

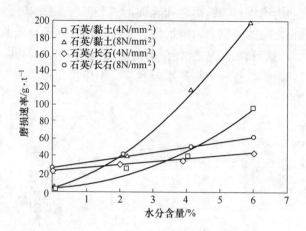

图 4-7　水分含量对辊面磨损的影响[2]

有益的，会有助于形成和保持在辊面辊钉之间的自垫层，从而保护辊面和辊钉。

4.1.4　硬度

从式（3-1）可知，高压辊磨机的比处理能力只与运行间隙的面积和辊的转速有关，与矿石的硬度无关。高压辊磨机的适用范围是越硬的矿石运行性能越好，能效指标越高。根据当前的生产实践，一般认为，随着矿石冲击碎裂指数 $A{\times}b$ 值降低，半自磨机比能耗呈指数增加，当 $A{\times}b$ 值降低到 35~40 时，高压辊磨机逐渐变得更具有吸引力。在更高的 $A{\times}b$ 值下，半自磨磨矿可能更合适[7,9]。如果矿石是坚硬的，即半自磨机所需比能耗大于 8~9kW·h/t，邦德球磨功指数大于 16kW·h/t，采用高压辊磨工艺可能在投资和运行成本上具有重大的优势（见图 4-8）。

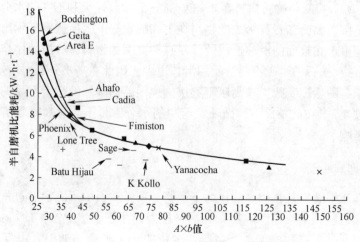

图 4-8　JK $A{\times}b$ 参数与半自磨机比能耗之间的关系[9]

需要注意的是，相对于细粒级含量高的软矿石，硬矿石由于细粒级含量更少，给矿粒度分布会更窄，因为缺少细粒，所以比处理能力会更低。同样，预筛过的矿石除去了细粒（截取给矿）也降低了比处理能力。除去细粒从更大的压实程度和更有效地利用能量上可能是有益的，但常常由于产生更高的磨损而得不偿失。因此，在设计时应当考虑根据所处理矿石的硬度，合理地在不影响比处理能力和能效的基础上最大可能地降低辊面的磨损速率。

4.1.5　自垫层

自垫层是指在高压辊磨机采用辊钉辊面时，由于给矿中自身所含的细粒或黏土/黏性矿物在辊钉之间经挤压黏附所形成的物料层（见图4-9），也称为自生耐磨保护层。

图4-9　高压辊磨机辊胎上辊钉之间运行过程中自动形成的自垫层

自垫层的作用主要有两个：一是保护辊胎表面不受挤压过程中矿石颗粒的直接冲击损伤；二是自垫层的存在直接改变了辊胎表面的原有属性，使表面变得粗糙，从而使辊面和给矿物料之间的摩擦力增大了，改善了高压辊磨机的挤压破碎性能。因此，自垫层的存在延长了辊胎的使用寿命，减少了停车频次，提高了高压辊磨机的有效运转率，同时也提高和改善了设备的破碎能效。

4.2　与设备相关的因素

设备本身的一些因素如辊面形式、挤压力、长径比（L/D）、辊速等都直接与高压辊磨机在特定环境下的运行性能相关，挤压力与辊速的控制详见4.4节，本节只讨论辊面形式和长径比对运行的影响。

4.2.1　辊面形式

不同的辊面形式可与各种类型的耐磨表面防护相结合，常见的耐磨表面防护见表 4-1。锻件可以采用硬面、硬金属瓦或辊钉防护，硬的或复合铸件不需要任何进一步的表面防护。表面本身可以是光滑的，有轮廓的（见图 4-10（a）），刻槽的，或辊钉的（见图 4-10（b）），这样一种不同耐磨表面防护方案的组合可用于各种应用。

表 4-1　常见的耐磨表面防护

基础材料	表面材料	表面形状
锻　件	硬面	光滑，焊接外形
	硬金属辊钉	自垫层
	硬金属瓦	刻槽
硬铸件（贝氏体、硬镍Ⅳ）	不需要	光滑，焊接外形，刻槽

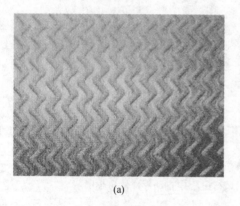
(a)

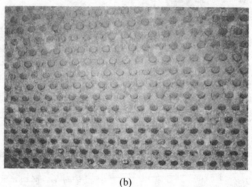
(b)

图 4-10　焊接辊面(a)和辊钉辊面(b)

辊面类型对比处理能力有着重要的影响（见图 4-11）。辊钉辊面有更高的比处理能力，比刻槽辊面或光滑辊面高 50% ～ 100%。此外，相比于光滑辊面或刻槽辊面，辊钉辊面对较高的水分、挤压力和辊速敏感性低。

采用不同的辊面外形是为了适应所处理的矿石性质，改善啮合特性和增加辊的处理能力。同时，由于与光滑辊面相比，非光滑辊表面的突起降低了物料的滑动，从而降低了磨损速率。

辊钉的性质取决于其化学成分、晶粒大小、硬度、粗糙度等，辊钉的质量需要选择足够的耐磨性使得辊钉的破损最小。一般来说，耐磨性是辊钉硬度的函数。然而，在有些情况下，如最大给矿粒度控制不当或游离金属出现时，增加硬度可能导致不能接受的辊钉破损水平。

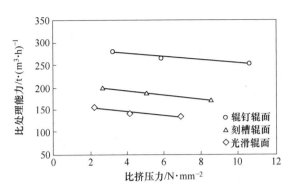

图 4-11　辊面类型与比处理能力[2]

　　硬面辊或特殊钢铸造的辊，有或没有表面轮廓，都对由于存在过大给矿颗粒所引起的局部峰值压力造成的损坏不太敏感。因此，这些辊子可以接受粒度为运行间隙 3 倍的给矿粒度。

　　辊钉衬的辊面对大颗粒引起的局部峰值压力更敏感，由于局部过负荷能够使单个的辊钉碎裂，因而必须考虑不同给矿性质下给矿最大颗粒粒度 d_{max} 与运行间隙 x_g 的相互关系，即物料硬度和 d_{max}/x_g 的比值。对抗压强度大于 250MPa 的硬矿石，推荐的 d_{max}/x_g 比值不大于 1；而对于抗压强度小于 100MPa 的较软矿石，推荐的 d_{max}/x_g 比值不大于 1.5。也应当注意到，颗粒越大，在其抗压强度被超过和碎裂发生之前，其吸收的挤压力也越高。因而颗粒越大，相比于小颗粒，造成的峰值负荷也越高。

　　截取粒级的给矿物料会加剧磨损，为使辊面的磨损最小化和改善处理能力，应首先考虑全粒级的给矿粒度分布，给矿中的细粒有利于辊钉辊面自生物料耐磨层的形成。通常通过擦洗除去细粒作为高压辊磨机的给矿只推荐用于处理软的黏性矿石如金伯利岩，以降低水分含量，其在降低水分的情况下，才能取得更高的比处理能力。

　　在水泥行业，通常硬面辊的使用寿命超过 1 年，但在金伯利岩应用中只有 6~12 周。分段的硬镍衬用于闪长岩的辊磨，根据分段衬的厚度，可以使用 8~16 周。复合铸造辊胎用于石灰石的辊磨已经超过 40000h[2]。

　　对耐研磨的矿石最好的选择是采用辊钉辊面。辊钉采用碳化钨材料，极其耐磨，较软的基础材料通过在辊钉之间形成的自垫层来保护，因此两者以约相同的速率磨损，这种表面磨损防护形式提供了更高的处理能力和使用寿命。

　　辊钉能够取得的使用寿命随着所处理的物料而变化，对金刚石矿和铁矿石，采用辊钉衬使用寿命已经超过了 10000h，有的达到 12000h；对铁精矿已经达到了 30000h[10]。对非常硬和耐研磨的铜矿石的运行结果表明，选择合适的辊钉使用寿命可以达到 4000~5000h。

4.2.2 长径比 (L/D)

生产实践中，高压辊磨机破碎辊的长径比小于1，这是由于高压辊磨机自身的工作原理及机械结构所决定的。长径比选择得是否合适，不仅影响高压辊磨机的性能，也对单独部件的设计和设备的总体配置有着至关重要的影响。

对特定的矿石，其处理规模决定了高压辊磨机所需选择的挤压力，因而决定了所需安装的电动机功率，也就决定了破碎辊主轴的轴径和所需的轴承。根据高压辊磨机驱动电机同边布置的原则，破碎辊长径比越小越有利于机械结构的总体布置。

最小的辊径受制于轴承的外径和轴承座的厚度，轴承本身是根据安装所需的挤压力来选择计算的。若要设计高长径比的高压辊磨机，必须选择最小外径的轴承，即圆柱滚子轴承。

轴承的规格也决定了主轴的直径，并且也决定了减速机和主轴连接的方式。如果传递的功率大，减速机必须位于相反的一边，如果位于同一边会互相触碰。

低长径比的大直径辊在选择最合适的轴承时有更大的自由度。辊径越大，在主轴和减速机之间的连接执行越简单，并且可以使大的减速机位于同一边以节省空间和便于维护。同时，辊面的磨损通常情况下，高长径比的高压辊磨机需要在高于临界值（$\mu > D$）的转速下运行以达到所需的处理能力，而低长径比的高压辊磨机是在低于临界值（$\mu < D$）的转速下运行（见4.4节）。在高的转速下，高长径比的高压辊磨机的比处理能力在实践中低于低长径比的高压辊磨机。此外，高长径比高压辊磨机的磨损速率（每转的磨损量）会更高，因为其转速更高。

在同样的处理能力下，低长径比的高压辊磨机质量比高长径比的高压辊磨机质量应该更重。它们所需的挤压力非常相似，输入的功率对两种长径比型号是相同的。然而，由于低长径比的设备是在更低的转速下运行，其配置的减速机必须传递更高的转矩，这就意味着低长径比的高压辊磨机总是比相同处理能力下的高长径比的高压辊磨机需要更大的减速机。而高长径比的高压辊磨机限制了主轴和辊胎的粗细，也导致了主轴挠曲量的增加，限制了可把辊胎缩到主轴上的应力。

高长径比的辊可以减小边缘效应，产生更细的产品，但其代价是更容易沿着辊的长度上产生给矿离析所致的偏斜，这种偏斜实际上可能增大未经过挤压的物料量。更低长径比的辊由于辊径更大，其运行间隙更大，会比高长径比的辊接受更大的给矿粒度，且其宽度越窄，偏斜的趋势越小。

对粗粒物料，低长径比高压辊磨机的比处理能力更高，这一点通过比较两个辊在相同的给矿粒度和相同的挤压力条件下的啮合特性（见图4-12）能够很好地说明。

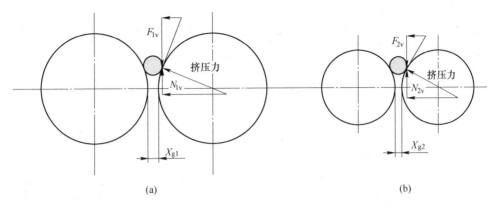

图 4-12 低长径比和高长径比不同条件下的啮合结果[2]

(a) 低长径比条件下：$F_{1v} > N_{1v}$；(b) 高长径比条件下：$F_{2v} \leqslant N_{2v}$

从图 4-12 中可以看出，对更大直径的辊，摩擦力的垂直分量 F_{1v} 大于挤压力的垂直分量 N_{1v}，给矿可以在辊面上没有滑移的情况下更好地进入辊之间。

高、低长径比的高压辊磨机的优缺点见表 4-2。

表 4-2 高、低长径比的高压辊磨机的优缺点

类 型	优 点	缺 点
低长径比	转速低，磨损速率低，耐磨防护使用寿命长；运行间隙大，可接受的给矿粒度大；有效运转率更高；啮合条件改善；主轴和辊胎加粗，力学性能更可靠	辊子更重，减速机更大，费用更高；相对的边缘效应更高
高长径比	转速高，减速机小，整体质量小，费用低	磨损速率高，耐磨防护使用寿命短；运行间隙小，可接受的给矿粒度小；主轴和辊胎加粗受限，主轴挠曲量大，偏斜趋势大；如传递功率大，驱动系需两边布置，使结构复杂

部分制造商生产的高压辊磨机规格见表 4-3。

表 4-3 部分制造商生产的高压辊磨机规格[10,11]

制造商 1	辊径/mm	800	740	1000	1200	1450	1700	2000	2400	2600	3000
	辊长/mm	500	400	625	750	900	1000	1500	1650	1750	2000
	功率/kW	2×75	2×132	2×260	2×440	2×650	2×900	2×1900	2×3000	2×3700	2×5700
制造商 2	辊径/mm	950	1100	1400	1520	1700	1900	2000	2400	2600	3000
	辊长/mm	650	800	800	1100	1400	1500	1650	1650	1750	2000
	功率/kW	2×220	2×450	2×500	2×800	2×1600	2×1850	2×2500	2×2800	2×3400	2×5000

从表4-3中可以看出，高压辊磨机破碎辊的长径比均小于1，其中制造商1的产品的长径比在0.54~0.75之间，制造商2的产品的长径比在0.5~0.82之间。

4.3 设 计 配 置

作为破碎回路中的关键设备，高压辊磨机上下游工艺衔接要求不同于常规的圆锥破碎机。根据现有的生产运行实践，一些在常规破碎机时可以采用的设计理念，在高压辊磨机的工艺中则可能不再适用，如采用圆锥破碎机作为中细碎作业的设备时，中碎直接开路或中碎前加预先筛分开路运行是一种常态；但在第三段破碎采用高压辊磨机时，则其之前的中碎作业必须采用闭路运行，且是采用前向闭路还是采用后向闭路则要根据所处理的矿石特性确定。再如破碎设备的给矿方式，采用圆锥破碎机时，其给矿设备只要满足破碎机单位小时的稳定处理能力要求即可；但采用高压辊磨机时，不只是给矿机的卸料方向要与高压辊磨机破碎辊的长度相一致，且在给矿的缓冲矿仓之前的带式运输机运送、转运过程中都要尽可能地满足所运送的物料不产生离析（见图4-13），以免造成高压辊磨机运行的不稳定和严重偏斜。因此，相关设备配置上的影响因素尽可能在设计阶段予以消除。

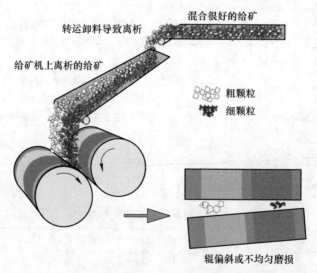

图 4-13 高压辊磨机给矿离析自然产生的过程及影响[12]

4.3.1 给矿配置

高压辊磨机的给矿布置形式要考虑在满足其挤满给矿的条件下，保证其给矿物料的粒度均匀，这对可靠的启动和稳定而又无故障地连续运行是最重要的。

4.3.1.1 给矿方式

在高压辊磨机给矿之前的缓冲仓内，离析不可能完全避免，但至少在给矿机和高压辊磨机的给矿漏斗中应当尽可能避免离析的再次产生。

首先，用来保证挤满给矿条件的变速给矿机应当与辊子一样宽，并且给矿方向要正确（见图 4-14（b））。与辊子间隙相一致的不正确的给矿方向会在启动期间导致严重的偏斜问题（见图 4-14（c），给矿机宽度方向与运行间隙成 90°夹角），并且会导致在连续运行期间给矿漏斗中给矿的离析。两个 90°的给矿机布置方式也不宜采用（见图 4-14（c）），因为其可能会在高压辊磨机的给矿机和给矿漏斗中产生离析。

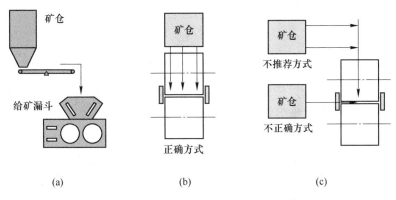

图 4-14　高压辊磨机的给矿布置方式[13]

其次，为了能够通过给矿机控制使高压辊磨机挤满给矿，给矿漏斗要有 30~40s 的充填料位（见图 4-15（a））。早期的给矿漏斗设计采用复合钢板作为内衬，后来高磨蚀的区域则局部采用陶瓷。陶瓷衬板尽管价格高，但使用周期更长，性价比更合适。目前国外采用的主要为完整的陶瓷衬。

最后，配料闸门的安装位置一定要正确（见图 4-15（b）），以能够使两个破碎辊的功率输出平衡，同时在辊子磨损的情况下，可以调整使得给矿处于中心位置。如果采用的辊钉较长，会导致在辊的使用周期内，辊的直径缩小较大，此时闸门就变得很关键。配料闸门的开启程度影响着啮合条件，进而影响处理能力和功率输出。闸门开得越大，高压辊磨机的处理能力和功率输出也越大。当然，闸门开启程度对功率输出的影响高于对处理能力的影响。闸门开得越大，会增加功率输出，不一定改善细粒级产率，但会增加辊子磨损，这是因为啮合角更大了。配料闸门可以采用手动调节或液压系统调节。

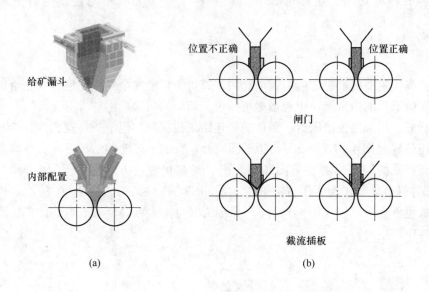

图 4-15　给矿漏斗及其内部配置(a)——闸门和截流插板(b)[13]

　　Cerro Verde 铜矿选矿厂Ⅱ期和 Sierra Gorda 铜矿则根据其在Ⅰ期高压辊磨机运行后的经验，在配料闸门下部采用了截流插板（见图 4-15 (b)），这些插板在高压辊磨机启动期间能够使偏斜最小，偏斜常常是在这个阶段不合适的物料给矿条件造成的结果。在启动期间产生偏斜的原因，通常是由于在连续的运行中高压辊磨机的给矿不能平衡。截流插板刚好在给矿漏斗中的填充料位堆积之后打开，这个程序保证了高压辊磨机在启动和给矿瞬间沿着辊长度方向上物料的均匀分布，使得即刻达到了挤满给矿运行的条件。截流插板打开和关闭采用液压方式。

4.3.1.2　离析消除

　　给矿的粒度离析对常规的圆锥破碎机运行没有明显的影响，但对高压辊磨机运行的影响是非常严重的，它会导致运行中的浮动辊轴线发生偏斜，造成沿辊在长度上不均匀的磨损，产品粒度分布发生变化。因此，必须考虑尽最大可能地使高压辊磨机的给矿在输送过程中不产生离析，保证给矿粒度的均匀。要使高压辊磨机的给矿缓冲仓中不存在离析现象，就要求之前的中碎闭路筛分的筛下产品在送到高压辊磨机的给矿缓冲仓的过程中不能产生离析，即在转运点和给到矿仓的卸料点，从设计上就要考虑避免离析的发生，在设计上增加导流措施（见图 4-16），阻断离析现象。

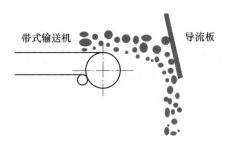

图 4-16 卸料导流板

4.3.2 中碎闭路

为了保证高压辊磨机的正常运行，必须控制其最大给矿粒度，以避免辊的耐磨表面损坏，其前面的中碎回路一定要闭路运行。根据矿石性质和回路要求，闭路的形式有两种：一种是通常采用的正常闭路（也称为前向闭路），即粗碎的产品直接给到中碎作业，中碎破碎后的产品给到筛分作业，筛下产品给到高压辊磨机回路，筛上产品返回中碎作业；另一种称为后向闭路，即粗碎的产品先给到筛分作业，筛下产品给到高压辊磨机回路，筛上产品给入中碎作业。

4.3.2.1 前向闭路

中碎回路采用前向闭路主要用于粗碎破碎机产品中细粒很少的情况，前向闭路的优点是不需要对粗碎破碎机产品进行筛分。前向闭路流程如图 4-17 所示。

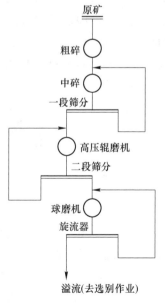

图 4-17 中碎前向闭路流程

4.3.2.2 后向闭路

中碎后向闭路流程如图 4-18 所示。中碎后向闭路主要用于粗碎产品中细粒含量高的情况，如秘鲁的 CerroVerde 铜矿则是采用了中碎后向闭路，以保证第二段破碎机给矿合适。

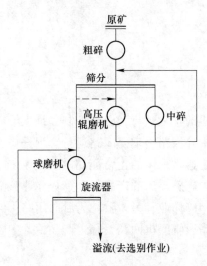

图 4-18 中碎后向闭路流程

中碎作业自身与筛分闭路采用前向闭路或后向闭路都是可行的方案，对整体碎磨工艺没有大的影响。但如果图 4-18 所示的中碎和细碎采用同一个筛分作业，则使中碎和细碎直接相关联，采用后向闭路的高压辊磨机通常回路的破碎能力稍高，因为其除去了给矿中的细粒部分，即后向闭路主要是针对特定粒级以上部分的粗粒级破碎。然而，这些影响是相当有限的。根据国外生产运行的经验，由于给矿中没有了可以用于产生自垫层的细粒，仅靠不含细粒的截取给矿会导致高压辊磨机的辊面磨损速率增加，造成负面的影响。在 Lone Tree 金矿的高压辊磨机示范厂所做的试验结果证实[14]，当高压辊磨机的给矿为筛分后的筛上物料时，其辊的使用寿命减半。因而，需返回部分筛下产品到高压辊磨机的给矿中（图 4-18 中的虚线所示）以保证自垫层的形成。

4.3.3 高压辊磨机闭路配置

高压辊磨机闭路运行是为了控制球磨机的给矿粒度以使磨矿效率最大化。根据矿石性质和回路需求，高压辊磨机的闭路也可以采用前向闭路或后向闭路模式。但根据 4.3.2 节所述，目前的生产实践经验认为在硬岩应用中采用前向闭路更有益。

由于高压辊磨机的产品粒度分布不同于常规圆锥破碎机的产品粒度分布（见图 4-19），采用常规圆锥破碎机回路中的筛分作业，则其筛分效率可能难以满足设计要求。因此，根据高压辊磨机产品的性质，目前与高压辊磨机构成闭路的筛分作业有两种形式：干式筛分和湿式筛分。如采用干式筛分，则须考虑筛分之前设置打散措施，以避免高应力下挤压成饼或成块的产品物料直接进入筛分作业；如采用湿式筛分，则应与下游的球磨机磨矿回路合并，以避免破碎流程复杂化。高压辊磨机闭路筛分形式的选择，对整个选矿厂运行的有效运转率具有重大的影响。

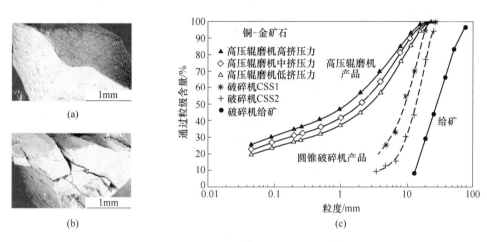

图 4-19　高压辊磨机的产品粒度特性[7]

（a）常规破碎产品；（b）高压辊磨机破碎后的微裂纹；（c）不同粒度矿石破碎后的通过粒级含量

4.3.3.1　干式筛分

干式筛分最大的益处是使破碎回路和磨矿回路完全分离，因此球磨机的有效运转率能够最大化。干式筛分的缺点是：易于产生大量的粉尘，易成饼或成块的产品存在着需要打散问题，需要有收尘系统和粉矿仓。因此，干式筛分可能对单台设备的碎磨流程，如一台高压辊磨机和一台球磨机的配置更合适。高压辊磨机产品干式筛分流程如图 4-17 所示。

4.3.3.2　湿式筛分

湿式筛分避免了粉尘和干筛物料处理上的困难，筛分效率大幅提高。对于矿石中黏土类或黏性矿物含量低（或不含）的产品，其中成饼或块的打散机会更强。然而，湿式筛分需要筛分设备与球磨机闭路直接连接，筛下产品直接排到磨机排矿砂泵池。由于这些筛下产品不同于球磨机的排矿产品，所有颗粒都是边缘锐利的，会导致砂泵和旋流器的磨损速率增加。同时，筛上物料返回到高压辊磨机的给矿也使破碎回路与球磨机磨矿回路紧密相连，导致有效运转率高的磨矿回路与有效运转率较低的破碎回路完全"捆绑"，从而造成选矿厂总的有效运转率降低。同时，一旦湿筛过程中出现任何大的失效问题，如黏性矿物（或黏土）含量高时，造成筛上产品过湿，则会直接导致高压辊磨机的比处理能力降低，磨损速率增加。

湿式筛分的流程图如图 4-20 所示。

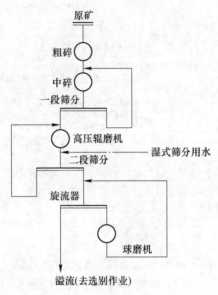

图 4-20 湿式筛分流程图[7]

高压辊磨机闭路运行时，筛分的选择是一个需要认真对待的问题，因为两种筛分模式的应用结果直接导致形成了两种完全不同的碎磨流程。干式筛分模式下，破碎回路和磨矿回路各自独立运行，中间通过粉矿仓（一般有效容积为 24h 所处理的矿量）相连；湿式筛分模式下，破碎回路与磨矿回路直接紧密配合，高压辊磨机回路停车，则磨矿回路直接受影响，从设计上如何协调两者的关系，使其影响降低到最小是一个必须面对的问题。在现代的选矿厂设计中，多段破碎回路的有效运转率通常为 87%~92%，而同样的球磨机磨矿回路有效运转率为 95%~97%。因此，采用哪种筛分模式，需根据矿石性质和具体情况进行详细比较后确定。

如澳大利亚的 Boddington 金矿，该矿最初设计采用后向闭路—干式筛分流程（见图 4-18），后来经过不断地研究试验和比较，认为湿筛的优点超过了缺点，而采用了湿筛模式。由于回路中水量平衡的原因，必然要求球磨机以后向闭路模式运行，筛下产品必须给到旋流器（经过磨机砂泵池）而不是球磨机给矿嘴。

因此在最终设计中，最初设计中的主要回路配置全部推翻，改成了前向闭路—湿式筛分流程（见图 4-20）。秘鲁的 Cerro Verde 铜矿采用了与 Boddington 金矿同样的破碎磨矿流程，只是由于其粗碎产品中细粒级含量高，因而中碎采用了后向闭路流程（见图 4-21）。南非的 Amplats 铂矿采用了与 Cerro Verde 同样的回路，但采用了干式筛分（见图 4-22），以便于破碎和磨矿回路完全分离，使磨矿的运转率最大化。

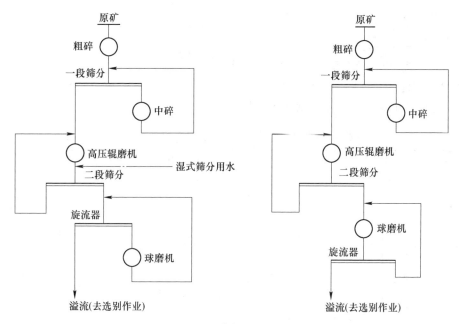

图 4-21　Cerro Verde 铜矿选矿厂碎磨流程[7]　　图 4-22　Amplats 铂矿选矿厂碎磨流程[7]

　　虽然湿式筛分在细粒级分离上确实提供了本质上比干式筛分更高的效率，但在高压辊磨机回路中采用这种模式仍然要谨慎，在选择筛分运行模式时必须要考虑高压辊磨机产品的成饼或成块性能。通常，硬的原生矿石会产生易碎的高压辊磨机块状产品，在矿仓和皮带上卸料时容易破碎，因此能够预期到其打散和湿式筛分效率会很高。但应关注软的矿石在高压辊磨机产品中可能更易成饼或成块，且在物料输送过程中难以打散，在这种情况下可能会导致湿筛模式的筛分问题。这些没有打散的成饼或成块物料，如果进入筛上粒级通常其内部仍是干的，但外层是饱和的，这样的含水物料返回到高压辊磨机给矿中会增大给矿中的水分，降低比处理能力，且增加辊面的磨损速率。这样的问题在 Bendigo 的矿石和在 Cerro Verde 的一些软矿石遇到过[7]。成饼或成块的性能试验表明这可能是一个问题，干式筛分可能是一种更合适的运行模式，因为干的饼或块返回到高压辊磨机给矿更容易接受。

　　两种筛分模式的主要优缺点比较见表 4-4。

表 4-4　干式筛分与湿式筛分的优缺点比较[7]

项目	干式筛分	湿式筛分
优点	高压辊磨机前向或后向闭路； 配置灵活； 破碎回路与磨矿回路分离； 选矿厂有效运转率高	无粉尘； 取消了筛下产品带式输送机； 筛分效率高； 给矿中饼或块打散效果更好
缺点	粉尘； 输送环节多； 给矿中饼或块打散受限； 对矿石中的水分敏感	高压辊磨机只能前向闭路； 筛下产品只能给泵池； 增加泵和旋流器磨损； 破碎和磨矿紧密相连； 选矿厂有效运转率降低

部分矿山采用的高压辊磨机配置情况见表 4-5。

表 4-5　部分矿山采用的高压辊磨机配置情况[13]

矿石类型		用　户	投产时间	规格 台数× 直径(dm) /长度(dm)	位置	回路配置	筛分
铁矿	赤铁矿	Anglo American-Minas Rios	2014 年	3×24/17	第三段	开路	无
	赤铁矿	FMG-Christmas Creek	2012 年	2×24/17	第三/第四	后向闭路	干式
	赤铁矿	Assmang-Khumani（BKM）		1×17/12	第三段	后向闭路	湿式
	磁铁矿	Shougang-Marcona	2018 年	3×24/17	第三段	前向闭路	湿式
	磁铁矿	Gindalbie Metals-Karara	2012 年	2×24/17	第三段	前向闭路	湿式
	磁铁矿	Magnetite Plant	2011 年	2×15/11	第三段	前向闭路	湿式
	磁铁矿	Magnetite Plant	2011 年	1×15/11	第三段	开路	无
钼、金 铂矿	铜矿	Vale-Salobo Ⅲ	2020 年[①]	2×20/15	第三段	前向闭路	湿式
	铜矿	Macobre-Mina Justa	2019 年[①]	1×20/15	第三段	前向闭路	湿式
	铜矿	SPCC-Toquepala	2019 年	2×24/17	第三段	前向闭路	湿式
	铜矿	Freeport-Cerro Verde Ⅱ	2016 年	8×24/17	第三段	前向闭路	湿式
	铜矿	Cudeco	2014 年	1×17/12	第三段	后向闭路	湿式
	铜矿	KGHM-Sierre Gorda	2014 年	4×24/18	第三段	前向闭路	湿式
	铜矿	Vale-Salobo Ⅱ	2014 年	2×20/15	第三段	前向闭路	湿式
	铜矿	Vale-Salobo Ⅰ	2012 年	2×20/15	第三段	前向闭路	湿式
	铂矿	Anglo Platinum-Mogalakwena	2008 年	1×22/16	第三段	前向闭路	干式
	金矿	Newmont-Boddington	2009 年	4×24/17	第三段	前向闭路	湿式
	铜矿	Freeport-Cerro Verde I	2006 年	4×24/17	第三段	前向闭路	湿式
	铜矿	Cyprus-Sierrita[②]	1994 年	1×22/13	第三段	后向闭路	干式

矿石类型	用 户	投产时间	规格 台数× 直径(dm) /长度(dm)	位置	回路配置	筛分
改造	SPCC-Toquepala	2018 年	1×24/17	第四段	开路	无
	SPCC-Cuajone	2013 年	1×24/17	第四段	开路	无
	Freeport-Grasberg	2008 年	2×20/15	第四段	开路	无
顽石破碎	Kaz Minerals-Aktogay Ⅱ	2019 年[①]	1×20/15	第三段	前向闭路	湿式
	Kaz Minerals-Aktogay Ⅰ	2017 年	1×20/15	第三段	前向闭路	湿式
	Kaz Minerals-Bozshakol	2016 年	1×20/15	第三段	前向闭路	湿式
	Newcrest Mining-Cadia Mine	2012 年	1×24/17	预破碎/ 顽石	开路（边料 返回）	无
	Goldcorp-Penasquito	2010 年	1×24/17	第三段	前向闭路	湿式
铜-堆浸	Macobre-Mina Justa	2019 年[①]	1×24/17	第三段	后向闭路	干式
金-堆浸	Cour Mining-Rochester	2019 年	1×20/15	第三段	开路	无
	Golden Queen-Soledad Mountain	2015 年	1×17/12	第三段	开路（边料 返回）	无
	Gold Fields-Tarkwa[②]	2010 年	1×17/9	第三段	开路（边料 返回）	无
金刚石	Stornoway-Renard Mine	2016 年	1×17/10	第三段	闭路	擦洗
	De Beers-Gacho Kue	2016 年	1×20/13	第三段	闭路	擦洗
	De Beers-Voorspoed	2008 年	1×19/15	第三段	闭路	擦洗
	De Beers-Snap Lake	2007 年	1×20/10	第三段	闭路	擦洗
	Argyle Ⅱ	1993 年	1×24/10	第三段	开路	无
	Argyle Ⅰ	1990 年	1×22/10	第三段	开路	无
	De Beers-Premier Mine	1987 年	2×28/5	第三段	开路	无

①计划;

②停止运行。

根据目前采用高压辊磨机作为细碎作业的运行情况，认为高压辊磨机前向闭路是其在硬岩应用中的标准配置。如果将来辊钉辊胎的耐磨性能不断提高，有可能经过比较后会采用后向闭路。因为根据目前研究的结果，采用截取粒级给矿可能会进一步提高高压辊磨机的处理能力，但处理能力提高所产生的效益不足以补偿截取粒级给矿对辊胎和辊钉磨损所造成的影响。

4.3.4　缓冲矿仓和物料输送

在设计中，为了节省投资，通常会考虑尽可能地减少带式输送机，减小筛分和破碎作业前缓冲矿仓的容量。但这种节省一定要在把各种相关因素考虑周全的条件下进行，否则可能会造成瓶颈，降低主要设备的有效利用率，从而造成效益损失。

4.3.4.1　缓冲矿仓

设置缓冲矿仓（储矿仓）的主要目的是为了使随后的破碎、筛分、磨矿设备能够充分发挥其最大的效率，其有效容量需要根据需求把高压辊磨机与中碎破碎机、球磨机分离开来，应当在设计中提出。现有选矿厂的储矿仓（堆）通常设计有效容积为24h的处理能力，如粗矿仓（堆）、粉矿仓（堆），其他的如破碎机和筛分机之前的缓冲矿仓则变化很大。根据生产现场的经验，缓冲矿仓有效容积越大，现场生产运行越平稳，选矿厂的有效运转率越高，总的处理能力也越大。然而，缓冲矿仓越大也意味着投资越高。因此，缓冲矿仓及其有效容积要根据已有的经验（如标准或规则）来确定，同时该有的缓冲矿仓也绝不能省去。如 Cerro Verde 的Ⅰ期工程——C1选矿厂在设计时把预先筛分作业直接与中碎破碎机相接，振动筛直接安装在中碎破碎机的上方，筛上产品直接给到破碎机，这就直接影响了中碎给矿量的控制，造成中碎破碎机难以挤满给矿。此后，在其Ⅱ期工程——C2选矿厂设计时则把预先筛分作业和中碎作业分离成为各自独立的厂房，真正满足了中碎破碎机给矿量控制的要求。

根据目前的生产实践经验，对缓冲矿仓来说，在设计中需要关注的是矿仓的给矿方式，一定要保证进入缓冲矿仓的物料不能产生离析。同时，运行过程中要保证按设计的料位控制运行，不能使料位出现明显的易产生离析的高低波动，否则最终会给高压辊磨机的正常运行造成严重影响。

4.3.4.2　带式输送机能力

基于第三段破碎采用高压辊磨机的破碎流程，因其流程相对复杂，采用的带式输送机比较多，在带式输送机能力选择上，要根据非常保守的高压辊磨机预期的能力来确定。国外的生产实践结果已经表明，高压辊磨机的实际处理能力比根据试验数据确定的设计标准高得多，即根据试验数据按比例放大后的设备规格，其设计的处理能力是保守的。对高压辊磨机过小的担心，已经导致有时带式输送机的选型不能够完全满足已安装的高压辊磨机的处理能力。

4.3.5　游离金属的清除

在硬岩应用中，高压辊磨机由于辊钉的存在而形成了一个自生耐磨层，但辊钉是脆的，必须避免由于给矿中的游离金属所造成的损坏。游离金属的监控是在回路设计中必须考虑的整体过程不可或缺的内容。

在更大规模的生产中，必须注意带式输送机和给矿机的载料深度。由于输送的物料量可能是每小时成千上万吨，电磁铁和金属探测器的效率是料层深度的很强的反函数。

根据已有的生产实践经验，下面一些措施可以帮助改善游离金属的回收：

（1）位于磨机排矿圆筒筛排出边缘的磁力弧，可用于常规破碎流程中球磨机排矿筛上产品返回到高压辊磨机的配置方式及 SABC 流程中顽石破碎采用高压辊磨机的配置方式，这样能够非常有效地拣出钢球的碎屑。这是因为矿石流的深度很小，且物料是流态化的。

（2）带式输送机上固定的卸料点，磁铁位于卸料滚筒的上方，对金属碎屑的回收比在带式输送机上静态负荷上方的电磁铁更有效，因为它们能够更容易地从自由落体的矿石轨迹中把游离铁拣出来。

（3）采用宽而平的带式给矿机，以使载料深度最小，使金属探测效率最大。在高压辊磨机带式给矿机上的金属探测器是最后的防护装置。为了避免高压辊磨机运行中断，当金属探测器检测到游离金属的信号时，应当马上启动位于给矿机首轮处的一个闸门，使得含有游离铁（或游离金属）的矿石流绕过高压辊磨机旁通到产品输送机上，然后在过程的下游回收游离铁（或游离金属）。图 4-23 所示为 Fropicana 金矿高压辊磨机给矿配置中的旁通溜槽。

图 4-23　Tropicana 金矿高压辊磨机给矿配置中的旁通溜槽[15]

需要注意的是，高压辊磨机的金属探测器设定灵敏度一定要合适，不要为了追求安全设置得过于敏感，以致比高压辊磨机的工作间隙小的金属也动作，这会导致频繁的高压辊磨机停车（需除去矿石和重新给矿），更易造成辊钉和辊面的非正常磨损。

4.4　操作因素

在前述满足高压辊磨机运行基本要求的基础上，操作因素则成为高压辊磨机正常运行且发挥其最大效能的关键。

4.4.1 启动过程

高压辊磨机的启动很容易造成辊面和辊钉的损坏，主要是在刚开车启动、物料给入破碎腔时，给料斗是空的，双辊之间的间隙最小，而此时破碎辊正以巨大的惯性旋转着，当大的矿石从高处下落到辊面时极容易造成辊钉断裂。因此，启动的次数最小化是使磨损和损坏最小化的关键。正常生产中，高压辊磨机的关停次数越少越好。同时，启动后开始给矿时往往处于非挤满给矿状态，由于物料分布不均匀，极易导致辊的偏斜。因此，高压辊磨机是挤满给矿，给矿漏斗的料位采用自动控制以保证挤满给矿所需的料位。根据生产实践的经验[16]，每次给矿机停止，要使漏斗内的料位保持在一个（物料质量）最小值，并且添加 15% 的物料形成一个新的料位设定值以保证挤满给矿。挤满给矿保护了破碎辊免受物料直接从给矿机下落到辊上所带来的冲击力。设计时在高压辊磨机给矿漏斗的下部位置应装有开关闸门，当给矿停止时，这个闸门是关闭的。在高压辊磨机重新启动时，给矿机在闸门开启之前，要先将高压辊磨机的给矿漏斗填满。这个操作程序不仅保证了高压辊磨机能立刻达到挤满给矿，也降低了由于物料不能自始至终通过给矿溜槽落下时对辊子的影响。另外，如果没有这个闸门，皮带给矿机的宽度必须大于辊的长度，而采用了闸门之后，给矿皮带的宽度就不是那么重要了，也可以减小。

4.4.2 辊的转速

由式（3-10）可知，对于特定的矿石及所选定规格的高压辊磨机，其处理能力只与辊的转速（线速度）有关，即辊的转速是唯一的可调节变量。因此，高压辊磨机的辊速是决定其性能的一个关键参数（同时也是决定高压辊磨机投资的一个重要因素）。选择的辊速越高，高压辊磨机的规格越小，因为较小的辊子在更高的辊速下能够满足给定的处理能力需求。同样在高的转速下，由于转矩更低，更小的减速机能够适配传递所需的功率。但是，高压辊磨机辊面的磨损与转速有着直接的关系：辊的磨损寿命由每转的磨损速率、辊的转数和可用的磨损厚度或采用的辊钉长度确定，因此，辊速并非越高越好，而是有一个最大推荐转速的制约。超过最大推荐辊速，会增加物料在辊面上的滑移，降低比处理能力和增加磨损。耐磨辊面的使用寿命与通过挤压区的绝对循环数量直接成正比。

一般情况下，对粗粒矿石应用最大圆周速度（u_{max}，m/s）不应超过辊径平方根（$\sqrt{D}$）的 1.35 倍[2]：

$$U_{max} \leqslant 1.35\sqrt{D} \tag{4-1}$$

这个规则最初源自于物料在辊面上加速的理论思考。目前，直径超过 2m 的辊已经在比规则建议的更高速度下成功运行，因而对较大直径的辊子（约 1.7m）

运行指南已经修改成圆周速度（u_{max}，m/s）不能超过辊径（D，m）：

$$U_{max} \leqslant D \tag{4-2}$$

圆周速度与辊径之间的关系如图 4-24 所示。

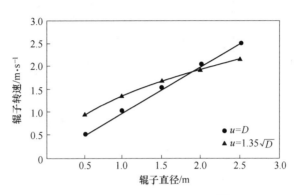

图 4-24 辊子直径与转速的关系[2]

目前生产实践中，大直径高压辊磨机转速的上限值一般设定在辊径的 110%，如 Cerro Verde 铜矿、Metcalf 选矿厂等，正常运行一般为 85% ~ 100%。

4.4.3 比挤压力的影响

生产实践中，所需比挤压力是根据产品细度，或者是根据产品细度与输入的有效能量利用之间折中选取。对不同的矿石类型需要通过试验建立起挤压力与产品细度之间的关系，通常，对精矿和更软矿石的最佳比挤压力是在 $1 \sim 2.5 \text{N/mm}^2$ 的范围，对硬矿石是在 $3 \sim 4.5 \text{N/mm}^2$ 的范围[2]。

在硬岩应用中，一般设计最大安装比挤压力为 $4.0 \sim 4.5 \text{N/mm}^2$，运行中最大的比挤压力可达 4N/mm^2。这些挤压力通常足以达到或至少接近细粒产生的平台期，更高的挤压力能稍微降低闭路运行的循环系数，但会增加比能耗和磨损成本。

实际上，最大可用的比挤压力还受所采用的辊面耐磨防护类型（分段衬、辊胎、光滑辊面、硬面或辊钉衬）的制约。对分段衬，根据分段衬辊面的规格和固定方法，比挤压力通常为 $1 \sim 2 \text{N/mm}^2$；辊胎衬辊面可达到 $7 \sim 8 \text{N/mm}^2$，主要用在水泥行业；硬面辊面对高的比挤压力（$>5 \text{N/mm}^2$）也相当不敏感；而辊钉辊面最大辊磨力限制在 $4 \sim 4.5 \text{N/mm}^2$。

比挤压力对比功率输入（W_{sp}）有直接的影响，比功率输入可能在 $1 \sim 3 \text{kW} \cdot \text{h/t}$ 之间变化，取决于物料性质和辊面。软和潮湿的物料由于低的比处理能力可能达到 $3 \text{kW} \cdot \text{h/t}$，硬的物料在相关的辊磨力水平下通常达到 $1.5 \sim 2.0 \text{kW} \cdot \text{h/t}$[2]。

4.4.4　运行间隙的影响

运行间隙的大小对产品粒度分布，特别是产品粒度的粗粒端有着重要的影响。但运行间隙是辊径和给矿性质的函数，在同样给矿性质下，只与所选用的高压辊磨机规格有关（见图4-25）。越硬的矿石给矿粒度与运行间隙之比大于1的颗粒在碎裂之前会在辊面造成高的局部峰值负荷，从而导致更高的磨损（见图4-26）。给矿粒度与运行间隙之比为1（即颗粒粒度约等于运行间隙）的颗粒磨损速率最低（见图4-27）。

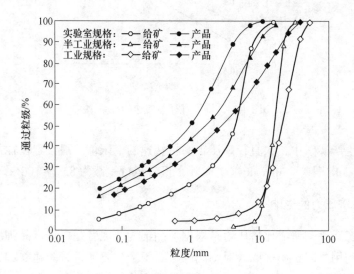

图 4-25　不同辊径下的给矿和产品粒度分布

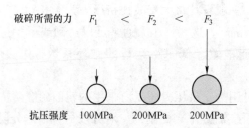

图 4-26　矿粒破碎所需的挤压力

这个特点与常规辊式破碎机的特性相似，根本的差别是高压辊磨机的运行间隙不是预设的，其与辊径是线性函数，然后根据给矿的啮合特性自身适应。因此，对于粗的给矿物料和大规格高压辊磨机，需要与筛分机闭路运行，以生产适合于球磨机所需的给矿。

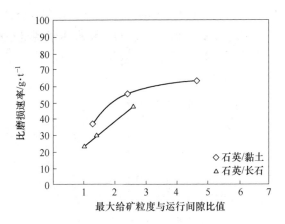

图 4-27　给矿粒度对辊面磨损的影响

在生产中最大可接受的给矿粒度则取决于辊面的类型、运行间隙的大小和物料的性质，特别是矿石硬度。对给矿粒度的限制主要受控于设备而不是工艺，其中重要的参数是最大的给矿粒度与运行间隙之比（d_{max}/x_g）。就工艺而言，经常推荐最大的 d_{max}/x_g 比值为 $1 \sim 1.5$，以保证最高的辊磨效率和避免由于单个过大颗粒引起的性能变化。

对不同类型的矿石，运行间隙大小作为辊径和给矿性质的函数如图 4-28 所示。而推荐的 d_{max}/x_g 比值则需通过辊面类型和特定矿石的硬度来确定。

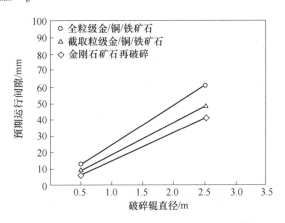

图 4-28　不同辊径下预期的运行间隙大小[2]

4.4.5　循环系数

在常规的三段破碎流程中，高压辊磨机均宜采用闭路运行。因此，其运行均应有循环系数的变化。有人对高压辊磨机运行中循环返回量的影响进行了研究[3]，采用不同的循环负荷及由此产生的总给矿粒度分布进行试验，表4-6给出了试验的条件。试验对球磨机磨矿回路之前的开路高压辊磨机在配有不同循环返回量的条件下进行；在最后三次试验中，在高压辊磨机的处理能力保持不变的条件下，观察循环负荷对高压辊磨机性能的影响效果。

表4-6 循环返回量对高压辊磨机运行影响的试验条件

试验	给矿量 /t·h⁻¹	循环负荷 /t·h⁻¹	处理能力 /t·h⁻¹	循环负荷 /%	平均运行 压力 /MPa	电机驱动 功率 /kW
1	220	0	220	0.0	8.5	271
2	220	25	245	11.4	9.05	339
3	220	50	270	22.7	9.5	543
4	220	80	300	36.4	11.0	651
5	230	70	300	30.4	10.5	610
6	250	50	300	20.0	10.2	610

图4-29给出了最后三次试验的总的给矿粒度分布。从图中可以看出，试验4~6采用同样的处理能力但不同的循环负荷进行，从试验4到试验6，循环负荷比率降低而新给矿量增加，通过增加循环负荷，高压辊磨机的总给矿变得更细。

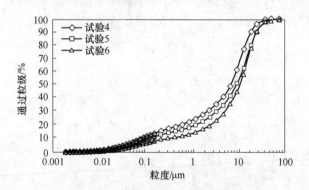

图4-29 最后三个试验的总给矿粒度分布

图4-30所示为在同样处理能力下，循环负荷和运行压力之间的关系。运行压力取决于辊子之间物料的粒度分布，随着粒度分布变细，在辊子之间形成的物料料层会变得更均匀。

通过增加循环负荷，给到高压辊磨机的物料更细，得到的排矿也更细，破碎比也增大。图4-31给出的是对50%通过的粒级作为循环负荷的函数时破碎比的变化。

当三个试验的总处理能力仍然没有变化时，循环负荷的影响是明显的。当处

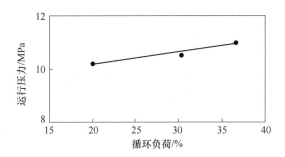

图 4-30 循环负荷和运行压力之间的关系

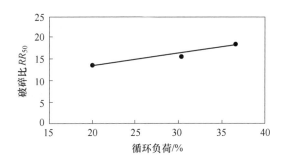

图 4-31 循环负荷与破碎比

理能力不同时，难以确定循环负荷对粒度降低的真正影响效果。因此，把比能耗用于对采用循环负荷的所有试验。图 4-32 给出了循环负荷和比能耗之间的关系，表明增加循环负荷将导致更高的比能耗。因此，在破碎过程中，物料料层中细粒的含量成为一个能量利用的关键因素。用细粒填充物料料层中的空隙达到一个合

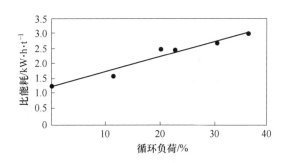

图 4-32 循环负荷与比能耗的关系

理的水平，可以取得最优的能量利用。然而，过多的细粒会导致无效的挤压，导致尽管能耗增加，破碎比却下降。

在生产中如何控制循环负荷以获得一个合理的循环系数，则需根据具体所处理的给矿性质进行合理的调整。图 4-33 所示为某铜矿选矿厂运行的 4 台 Polycom 24/17 型高压辊磨机在 3 个月内的循环系数（日平均值）[13]，循环系数的变化范围在±8%之内，证明高压辊磨机对矿石变化性的敏感度不高。

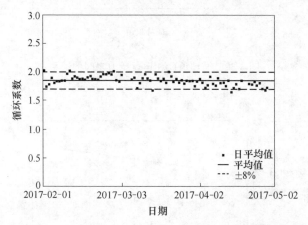

图 4-33　某铜选矿厂运行的 4 台 Polycom 24/17 型高压辊磨机的平均循环系数

4.4.6　偏斜的影响

在高压辊磨机的生产过程中，偏斜对其性能影响很大。由于高压辊磨机的给矿离析实际生产中难以消除，只能从设计上尽可能多地补偿和适应这种不均匀的压力分布。为了应对不均匀的压力，设备设计上允许辊子之间互相相对偏斜，以维持局部的运行压力，满足基本的间隙-压力的相对关系，使其在整个辊子长度上产生一个均匀分布的压力，从而保持由运行压力所确定的磨矿条件。

为了尽可能地减少偏斜，需要根据所处理的矿石性质，采用闭路筛分控制高压辊磨机的给矿粒度，以保证合适的 d_{max}/x_g 比值，进而避免产品粒度分布的波动。

实际生产中，只要严格控制高压辊磨机的给矿粒度，偏斜的自动控制就比较容易。如 Cerro Verde Ⅰ期选矿厂的 4 台 24/17 型高压辊磨机（前向闭路）运行中的偏斜控制在小于 3mm，即在偏斜大于 3mm 之前没有动作，系统正常运行；如果偏斜大于 10mm 则停止给矿；偏斜大于 20mm 则关停电机[16]。

需要注意的是，在高压辊磨机运行的投产试车期间，由于设备处于运行磨合期，相对于所处理的矿石性质，合适的运行参数还处于摸索中，没有确定；有些条件还没有完全具备，尚在完善中，因此，给矿的离析不可避免，这是造成辊运行偏斜的主要原因。

　　例如，澳大利亚的 Boddington 金矿选矿厂在投产初期首先试车的两台高压辊磨机遇到的主要问题是辊钉断裂、辊胎磨损、边沿堵塞和颊板损坏，其原因是粗粒给矿（主要是给矿中的大块）和频繁的开、停车。中碎回路是在部分负荷（非挤满给矿）条件下试车，这在一定程度上影响了高压辊磨机的给矿粒度以及偏斜的发生。除了给矿中的大块之外，给矿的粒度分布在保证高压辊磨机的性能上也起着关键的作用。粒度范围太宽，会导致给矿的粒度离析，进而造成偏斜，如图 4-34 所示[14]。

图 4-34　高压辊磨机给矿皮带上的离析情况
（照片分别为同一给矿皮带上的两边）

　　图 4-34 中的照片表明，在试车中一台高压辊磨机的给矿皮带上两边的物料情况，一边是没有细粒的物料，另一边则含有大量的细粒。当给入高压辊磨机时，离析会导致浮动辊中心线高度偏斜，在这种情况下，自动控制系统会试图纠正这种偏斜，从而导致正常工作压力降低，影响高压辊磨机的性能。偏斜过大会造成高压辊磨机在负荷下的跳闸，重新启动和给矿需要 10~15min 的时间，严重影响回路的性能。

　　因此，在试车中保证高压辊磨机的给矿粒度稳定而不离析是一个挑战性的难题。最好的办法是在试车阶段要确定一个比设计更保守的最大给矿粒度，即前面的中碎筛分作业在试车期间采用比设计的粒度更小的筛孔，以最大可能地减小由于最大给矿粒度所导致的偏析。

4.4.7　维护和检查

　　高压辊磨机投入正常运行后，日常运行维护的关键点首先是设备本身正常运行，然后是要求高压辊磨机在工艺设计（并经试车调整后）的运行操作参数（转速、比挤压力、运行间隙、偏斜度、给矿粒度及其分布等）范围内运行，目的是保证设备在设计的比处理能力下达到尽可能高的设备有效运转率。因此，需要根据所选用的高压辊磨机及其所处理的矿石性质，确定合适的维护和日常检查制度。

此外，硬岩应用中辊钉辊面运行时的实时状态是极其关键的，运行过程中辊钉或边缘块由于突然的矿石性质（如粒度和坚韧性）变化及游离金属所导致碎裂的情况必须实时监控。目前已经有在线监测系统可以对辊面进行在线监控，该装置采用激光系统实时监测辊面辊钉和边缘块的运行状态，对破碎辊进行在线磨损量测定，可以随时掌握破碎辊的使用和磨损状况，消除了破碎辊检查测定需停车进行的需要，极大地提高了高压辊磨机的有效运转率。

目前，实际使用中的高压辊磨机有效运转率可达95%[15]。

参 考 文 献

[1] Klymowsky R, Patzelt N, Knecht J, et al. An overview of HPGR technology [C] // Department of Mining Engineering University of British Columbia, SAG 2006, Vancouver, 2006: IV-11~26.

[2] Klymowsky I B, Patzelt N, Burchardt E, et al. Selection and sizing of high pressure grinding rolls [C] // Mular A L, Halbe D, Barratt D. Mineral Processing Design, Practice, and Control. Littleton: SME, 2002: 636~668.

[3] Dundar H, Benzer H, Aydogan N A, et al. Importance of the feed size distribution and recycle on the HPGR performance [C] // Department of Mining Engineering University of British Columbia, SAG 2011, Vancouver, 2011: 119.

[4] Klymowsky I B, Logan T. HPGR demonstration at Newmont's Lone Tree mine [C] // Proceedings of the Canadian Mineral Processors, CIMM, Ottawa, 2005: 325~334.

[5] Sepúlveda J E, Tobar E, Figueroa S. Model-based laboratory/plant scale-up of HPGR circuit performance [C] // Department of Mining Engineering University of British Columbia, SAG 2019, Vancouver, 2019: 40.

[6] Dunne R. HPGR—The journey from soft to competent and abrasive [C] // Department of Mining Engineering University of British Columbia, SAG 2006, Vancouver, 2006: IV-190~205.

[7] Morley C T. HPGR trade-off studies and how to avoid them [C] // Department of Mining Engineering University of British Columbia. SAG 2011, Vancouver, 2011: 170.

[8] Danilkewich H, Hunter I. HPGR challenges and crowth opportunities [C] // Department of Mining Engineering University of British Columbia, SAG 2006, Vancouver, 2006: IV-27~44.

[9] Morrell S. Mapping orebody hardness variability for AG/SAG/crushing and HPGR circuits [C] // Department of Mining Engineering University of British Columbia, SAG 2011, Vancouver, 2011: 154.

[10] Metso. 2020 _ 02 _ hrc _ high _ pressure _ grinding _ rolls _ hpgr _ datasheet. [EB/OL]. [2021-06-01]. http: // www. metso. com.

[11] Thyssenkrupp. polycom _ en. ［EB/OL］. ［2021-06-01］. http：// www. thyssenkrupp. com.

[12] Knaap H, Hannot S, van der Meer F. HPGR：Why skewing is a requirement for operational applications ［C］// Department of Mining Engineering University of British Columbia, SAG 2019, Vancouver, 2019：62.

[13] Burchardt E, Mackert T. HPGRs in minerals：What do more than 50 hard rock HPGRs tell us for the future? (Part 2—2019) ［C］// Department of Mining Engineering University of British Columbia, SAG 2019, Vancouver, 2019：26.

[14] Hart S, Parker B, Rees T, et al. Commissioning and ramp up of the HPGR circuit at Newmont Boddington Gold ［C］// Department of Mining Engineering University of British Columbia, SAG 2011, Vancouver, 2011：41.

[15] Gardula A, Das D, DiTrento M, et al. First year of operation of HPGR at Tropicana gold mine-Case study ［C］// Klein B, McLeod K, Roufail R, et al. International Semi-Autogenous Grinding and High Pressure Grinding Roll Technology 2015, Vancouver：CIM, 2015, 69.

[16] Koski S, Vanderbeek J, Enriquez J. Cerro Verde concentrator—four years operating HPGRs ［C］// Department of Mining Engineering University of British Columbia, SAG 2011, Vancouver, 2011：140.

5　投资和运行成本

5.1　投　资　比　较

在高压辊磨机应用回路中，由于其机械结构自身对正常运行的要求，需要控制其最大给矿粒度以保护辊面，这就要求上游的中碎闭路；同时，为了控制下游球磨机给矿最大粒度以避免磨机失效，也要求高压辊磨机自身必须闭路运行。因此，采用高压辊磨工艺，除高压辊磨机自身外，还需要破碎机、筛分机、带式输送机、矿仓、给矿机、粉尘控制、游离金属清除等，从而增加了选矿厂的复杂性，使得采用高压辊磨机的硬岩碎磨回路投资增大。

采用半自磨和高压辊磨机的碎磨流程运行单元比较见表 5-1。

表 5-1　两种碎磨流程运行单元比较

运 行 单 元	半自磨	高压辊磨机
粗矿堆	√	√
中碎		√
粗筛		√
高压辊磨机		√
粉矿仓		√
细筛	√	√
半自磨磨矿	√	
顽石破碎	√	
球磨机磨矿	√	√
收尘系统		√

根据目前的生产运行实践，尽管高压辊磨机设备本身的投资在同等条件下并不高于半自磨机，但采用半自磨机和采用高压辊磨机的碎磨流程之间的投资比较结果是：采用高压辊磨机的常规碎磨流程投资高于采用半自磨机的碎磨流程。有人对不同规模的选矿厂碎磨流程在两种方案下的投资和成本进行了比较（比较范围均自粗矿堆之下到球磨机回路的旋流器溢流为止，均为直接投资），采用高压辊磨机的流程投资平均高为 21%[1]，见表 5-2。

表 5-2 高压辊磨机与半自磨投资与运行成本比较结果

工程序号	规模/t·d⁻¹	金属种类	矿石硬度	碎磨流程	运行状态①	投资/% 高压辊磨机/半自磨	运行成本/% 高压辊磨机/半自磨	运行成本/% 半自磨/高压辊磨机
1	120000	Cu/Mo	中-硬	高压辊磨机	运行	119	74	136
2	240000	Cu/Mo	中-硬	高压辊磨机	建设中	114	87	115
3	110000	Cu/Mo	硬	高压辊磨机	运行	115	79	127
4	120000	Cu	软	半自磨	建设暂停	124	92	109
5	150000	Cu/Mo	中-硬	高压辊磨机		125	85	117
6	240000	Cu/Mo	硬	高压辊磨机		130	76	132
7	17000	Cu/Mo	中-硬	高压辊磨机		115	76	132
平均值						121	81	124

①2015 年数据。

部分生产运行矿山的选矿厂采用半自磨机和采用高压辊磨机的碎磨流程之间的实际投资比较结果见表 5-3。

表 5-3 部分矿山的选矿厂不同碎磨流程方案经济比较

矿 山	规模/t·d⁻¹	投 资			运行成本		
		高压辊磨机/百万美元	半自磨/百万美元	差值/%	高压辊磨机/美元·t⁻¹	半自磨/美元·t⁻¹	差值/%
Los Bronces 铜矿[2]	80000	266.7	228.2	16.87	1.48	1.85	25.00
Cerro Verde 铜矿[3]	108000	237.5	184.4	28.80	1.326	1.695	27.83
Phoenix 金矿[4]	11.6×10⁶t/a	79.3	58.7	35.09	48.3	50.7	4.97①
Boddington 金矿[4]	40×10⁶t/a	402.6	375.2	7.30	107.2	122.2	13.99①
Sierra Gorda[5]	110000	587.2	509.5	15.25	3.04	3.89	27.96
Project A 铜矿[1]	140000	920	762	20.73	3.493	4.070	16.52

①Phoenix 金矿和 Boddington 金矿的运行成本为季度总成本，单位为百万美元。

此外，在矿山项目方案选择过程中，对所处理矿石的性质参数如硬度的变化，均是根据代表性的样品取其平均值。众所周知，自磨机或半自磨机的处理能力对给矿硬度的变化是非常敏感的，如美国奇诺铜矿选矿厂 $\phi 8.53m×3.51m$ 半自磨机运行中，由于硬度的变化，其瞬时处理能力的变化范围为 275~1175t/h[6]，在这种情况下，采取对半自磨机运行充填率的稳定控制是很关键的。而在高压辊磨机的运行过程中，前面的介绍已经表明，矿石硬度对处理能力的变化几乎没有明显的影响，对处理能力的稳定效果是非常明显的。

有人结合应用实例，在碎磨流程方案比较中，对所处理矿石硬度采用不同的代表区间值对方案的经济性进行了比较[7]，所比较项目为一个 96000t/d 规模的硫化矿项目，采用的比较参数参照生产运行矿山的实际平均数值，剔除可能产生误差的影响因素，硬度取值采用半自磨功率指数（SPI）和邦德功指数（W_i），进行了三种不同硬度取值方式下的方案比较：（1）矿山服务年限内的平均硬度，即固定硬度；（2）根据代表性的钻孔岩芯样品进行的试验工作估算出服务年限内每年的硬度值；（3）根据生产现场实际每天的矿石硬度变化数据相关性，模拟出方案所处理矿石的日常硬度值，比较结果见表 5-4。

表 5-4　矿石硬度变化对碎磨流程方案净现值的影响

硬度取值样本	矿体平均硬度值	年度硬度值	日硬度值
高压辊磨机-半自磨/万美元	−3314.5	5017.6	8428.0

比较中假定贴现率为 12%，矿山服务年限为 20 年，在第一年、第二年、第三年、第四年的投资费用分别为总投资的 2%、8%、40% 和 50%，从第五年初开始生产，在第二十四年底终止。在这些条件下，按矿体平均硬度值（即固定硬度）比较结果表明，半自磨回路方案以 3300 万美元的净现值，相当于约 7% 的内部收益率胜出。但当根据矿体的矿石硬度分布数据以年度硬度变化平均值和日硬度变化平均值进行方案比较后，结果出现了反转，高压辊磨机方案反而以 5017.6 万美元和 8428.0 万美元的净现值变得可行。该案例从另一个角度说明了高压辊磨工艺对矿石硬度变化的适应性更强。

5.2　运行成本比较

运行成本主要取决于矿石特性、能源及磨矿介质的价格。高压辊磨机本身的独特结构和工作原理，使得采用高压辊磨机的碎磨回路与采用半自磨机的碎磨回路相比，在硬岩矿石破碎中显现出特殊的效果：降低整体碎磨回路的比能耗；消除了半自磨机磨矿运行的介质消耗。

虽然采用高压辊磨机的碎磨回路降低的碎磨能耗在一定程度上由增加的辅助设备如带式输送机、筛分机等补偿，但生产实践已经证明，采用高压辊磨机的回路设计仍然有显著的净能量节省。

采用高压辊磨机的碎磨回路与采用半自磨机的碎磨回路相比，半自磨机磨矿介质的消耗在一定程度上由更高的球磨机磨矿介质消耗补偿。这是因为与半自磨机相比，来自于高压辊磨机的过渡粒度更大，但整体介质的节省通常是非常明显的，特别是对硬的耐磨矿石。因此，采用高压辊磨机的碎磨回路在整体的运行成本上明显降低，见表 5-2 和表 5-3。

高压辊磨机回路的维护强度高于半自磨机回路，在劳动力成本高的地区，必须详细考虑相关的成本。

此外, 许多研究都报道了高压辊磨机在挤压过程中可以使产品颗粒中产生微裂隙, 从而使后续的磨矿所需比能耗降低, 通常范围为 5%~15%。但对这种磨矿比能耗降低的理由还有一些争论, 有些人认为这种降低不能真正反映选矿厂规模的性能, 因为难以得到给矿粒度分布可与标准破碎的给矿相比较的高压辊磨机产品; 也有人倾向于不考虑这种影响, 忽略它可以提供一个保守的余地, 可以减轻差的高压辊磨机回路性能的感知风险; 也有人认为, 对大型高压辊磨机回路中的球磨机设计, 不应当对利用高压辊磨机进行给矿准备的磨矿功率输出有任何的降低 (是否归因于微裂隙的或粒度分布的影响), 特别是对大型的球磨机[8]。在 Cerro Verde 铜矿给出了一个验证这种假设的机会, 在地质模型编录过程中, 他们对钻孔岩芯样品进行了几千次邦德功指数试验, 以便随后并入矿块模型, 计算了磨机给矿的日平均邦德功指数值, 与对高压辊磨机产品测得的邦德功指数进行了比较, 结果如图 5-1 所示。总的来说, 球磨机的功指数比所做岩芯样品试验预期的值低约 7%[7]。

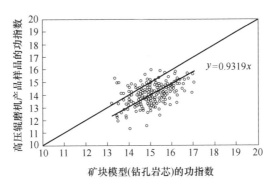

图 5-1 岩芯样与高压辊磨机产品样的功指数比较散点图

参 考 文 献

[1] Costello B, Brown J. A tabletop cost estimate review of several large HPGR projects [C]// Klein B, McLeod K, Roufail R, et al. International Semi-Autogenous Grinding and High Pressure Grinding Roll Technology 2015, Vancouver, CIM, 2015: 103.

[2] Oestreicher C, Spollen C F. HPGR versus SAG mill selection for the los bronces grinding circuit expansion [C]// Department of Mining Engineering University of British Columbia, SAG 2006, Vancouver, 2006: IV-110~123.

[3] Vanderbeek J L, Linde T B, Brack W S, et al. HPGR implementation at Cerro Verde [C]// Department of Mining Engineering University of British Columbia, SAG 2006, Vancouver, 2006: IV-45~61.

［4］ Seidel J, Logan T C, LeVier K M, et al. Case study-Investigation of HPGR suitability for two gold/copper prospects ［C］// Department of Mining Engineering University of British Columbia, SAG 2006, Vancouver, 2006: Ⅳ-140~153.

［5］ Comi T, Burchardt E. A premiere for Chile: the HPGR based copper concentrator of Sierra Gorad SCM ［C］// Klein B, McLeod K, Roufail R, et al. International Semi-Autogenous Grinding and High Pressure Grinding Roll Technology 2015. Vancouver: CIM, 2015: 67.

［6］ 杨松荣. 国外自磨技术的应用 ［J］. 有色金属 （选矿部分）, 1993 （1）: 27~32.

［7］ Amelunxen P, Mular M A, Vanderbeek J, et al. The effects of ore variability on HPGR trade-off economics ［C］// Department of Mining engineering University of British Columbia, SAG 2011, Vancouver, 2011: 152.

［8］ Kock F, Siddall L, Lovatt I A, et al. Rapid ramp-up of the Tropicana HPGR circuit ［C］// Klein B, McLeod K, Roufail R, et al. International Semi-Autogenous Grinding and High Pressure Grinding Roll Technology 2015, Vancouver: CIM, 2015: 70.

下 篇
工业实践

6 Sierra Gorda 铜矿选矿厂采用高压辊磨机的碎磨流程

6.1 概   况[1]

Sierra Gorda SCM 是 KGHM 国际公司（波兰的 KGHM SA 拥有）、Sumitomo 金属矿业、Sumitomo 公司（日本）合资组建的在智利北部运行的公司。

Sierra Gorda SCM 的硫化矿选矿厂（110000t/d）于 2014 年第三季度开始投料试车，其位于智利北部的 Atacama 沙漠，项目包括一个露天矿和一个铜钼选矿厂（见图 6-1），是世界上运行的自动化程度最高的矿山之一。该矿是智利第一个、南美第二个采用高压辊磨机工艺运行的硬岩矿山。

图 6-1 Sierra Gorda 铜钼选矿厂

Sierra Gorda 位于智利北部 Atacama 沙漠中的Ⅱ大区，矿区中心的地理坐标约为南纬 22°50′50″，西经 69°20′20″。矿区平均海拔高度为 1700m，距离附近的 Sierra Gorda 村庄约 4 km，有一条铺就的公路和铁路线将该区域与位于 Sierra Gorda 西南约 140km 的太平洋岸边 Antofagasta 和 Mejillones 的深水港口相连接。表 6-1 为 Sierra Gorda 铜矿项目的主要里程碑。

表 6-1 **Sierra Gorda 铜矿项目的里程碑**

年份	内 容
2004 年	Quadra 矿业公司获得 Sierra Gorda 采矿权
2006 年	在已知矿体西北勘探的岩芯孔 281 交叉 570m 的矿石品位平均含铜 0.8%，含钼 0.01%
2008 年	完成概念性研究（包括初步的选矿试验）

续表 6-1

年份	内　　容
2009 年	开始第二阶段的选矿试验（包括半工业试验）
2010 年	完成预可行研究/经济性研究
	开始可行性研究
2011 年	环境许可签署
2012 年	矿山开始预剥离
	选矿厂建设开始
2014 年	7 月 28 日，第一台磨机试车
	9 月 29 日，第三台磨机试车
	12 月，处理能力第一次超过 100000t/d
2015 年	1 月，第一次达到设计能力

6.2　矿石特性和碎磨工艺选择

Sierra Gorda 铜矿的矿石极具耐磨性和高度可变性，相当硬且复杂。2008 年，进行了 Sierra Gorda 项目的首次碎磨试验，对 20 个不同样品进行的半自磨和球磨试验表明该矿体为非常耐磨和硬的矿石，采用半自磨工艺的可变性非常高。半自磨机所需的能耗采用 SPI（半自磨机功率指数）试验数据估算。

球磨机处理该矿石所需的能耗主要是利用"修正的"邦德试验程序获得，显示其平均的邦德功指数为 18.2kW·h/t，是非常硬的矿石。邦德球磨功指数在第 20 百分位和第 80 百分位之间的变化为 16.8~20.1kW·h/t。

对半自磨机磨矿，其平均 SPI 值是 183min，相当于半自磨机的能耗约为 10kW·h/t。对第 80 百分位的 SPI 数值是 241min，第 20 百分位的是 114min。这些 SPI 数据表明，预期的半自磨机能耗的变化是在约 7kW·h/t（第 20 百分位）和 12.5kW·h/t（第 80 百分位）之间。这些试验的结果表明，对于这种高可变性的矿体，采用基于半自磨机的碎磨回路预期在运行中会遇到很大的困难。最初考虑的碎磨回路是常规的三段破碎回路，中碎和细碎采用圆锥破碎机，采用干式筛分，产品为 $P_{80} = 10mm$。在当时，由于矿石的整体硬度和高的可变性，没有采用半自磨机方案。

在 2008 年完成概念性可行性研究之后，2009 年又进行了一个更全面的试验，为在半自磨机、破碎机和高压辊磨机之间的最终碎磨回路的方案研究奠定了基础。试验工作分别对代表深成火成岩和火山火成岩类型的五种主要的岩石/蚀变类型（见表 6-2）进行了试验，火山岩本质上是安山岩。

表 6-2 主要试验样品和在开采计划中的比例

岩石类型		岩性蚀变	名称（参考样品）	采矿计划比率/%
火成岩	侵入岩（深成岩）	花岗岩 石英-绢云母	GR-QS-SUL	19.3
		斑岩 石英-绢云母	POR-QS-SUL	18.6
		角砾岩 石英-绢云母	BREC-QS-SUL	10.0
	喷出岩（火山岩）	火山岩 石英-绢云母	VOL-QS-SUL	15.9
		火山岩 黑云母	VOL-BIO-SUL	27.7

高压辊磨机选型所需的试验工作和高压辊磨机对邦德功指数影响的分析由 ThyssenKrupp Polysius 公司（现在的 ThyssenKrupp Industrial Solutions）承担，共进行了 47 次半自磨机功率指数（SPI）试验。此外，对 5 个主要的参考矿样进行了邦德破碎试验，以及邦德球磨机磨矿试验和研磨试验，主要的特性试验数据见表 6-3。

表 6-3 碎磨试验的主要试验结果

选定-参考矿样	计划开采比率/%	ThyssenKrupp Polysius						SGS	Phillips Enterprises		
		高压辊磨机试验			邦德功指数试验						
		比处理能力 /t·(m³·h)⁻¹	<6.3mm /%	磨损速率（100转）/μm	破碎后 /kW·h·t⁻¹	高压辊磨机后 /kW·h·t⁻¹	降低 /%	SPI (1) /min	CWI /kW·h·t⁻¹	W_i /kW·h·t⁻¹	A_i
综合样		206	78	0.52	17.1	15.4	9.7				
权重		205	78	0.54	15.7	13.9	11.7	167	9.1	17.5	0.1725
BREC-QS-SUL	10.0	210	80	0.74	15.0	13.1	12.5	93	10.9	15.3	0.2121
GR-QS-SUL	19.3	210	80	0.70	13.9	12.3	10.9	109	10.2	15.4	0.2126
POR-QS-SUL	18.6	212	78	0.72	14.7	12.9	12.3	119	8.7	15.5	0.1442
VOL-QS-SUL	15.9	199	76	0.40	18.0	15.9	11.3	218	7.7	19.3	0.1529
VOL-BIO-SUL	27.7	199	77	0.31	16.6	14.8	11.3	236	8.6	20.0	0.1605

半自磨功率指数（SPI）平均为 167min，表明该矿石采用半自磨机处理是非常耐磨的，应当指出表 6-3 中 5 个试验矿样的 SPI 数据是 5 个参考矿样的每一个进行多次试验的平均值。47 个试验矿样的实际 SPI 分布如图 6-2 所示。图中也包含了早期的试验结果。图 6-2 也证明了 Sierra Gorda 矿床矿石按照半自磨机磨矿与

南美的其他采用同样碎磨工艺的矿石相比所具有的极高的可变性，基本上，其最大的 *SPI* 值远高于其他矿床的 *SPI* 值（除 D 厂外），且在分布上更宽；高的 *SPI* 值意味着采用半自磨机要取得稳定的运行条件将是非常困难的，要不断地调整平衡半自磨机和球磨机回路。

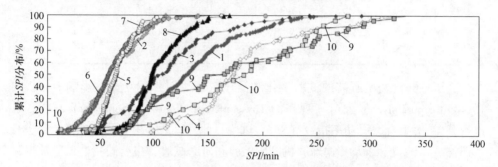

图 6-2　Sierra Gorda 矿石与南美不同矿石采用半自磨机累计的 *SPI* 分布比较

1—A 厂；2—B 厂；3—C 厂；4—D 厂；5—E 厂；6—F 厂 2007；7—F 厂 2010；8—G 厂；

9—Sierra Gorda-4450；10—Sierra Gorda-4216

表 6-3 中高压辊磨机的性能主要是采用排矿粒度、比处理能力和 ATWAL 试验磨损速率来表征的。排矿粒度是采用小于 6.3mm 粒级的百分数来表示的，其处理能力直接与比处理能力成正比。矿石的研磨性采用磨损速率来表示，定义为在一个 ATWAL 研磨试验装置中每 100 转时表面的磨损量，以 μm 表示。

对各种不同的参考矿样经高压辊磨机处理后其邦德功指数平均降低约 12%。

ATWAL 的高压辊磨机磨损试验表明，磨损速率（100 转）在 0.31μm（低于中等研磨）到 0.74μm（中等研磨）之间。根据这些磨损速率，预计的寿命周期大于 6000h，参考的选矿厂如 Boddington 金矿和 Cerro Verde 铜矿其在优化之后的使用寿命已经达到 7000~10000h。

根据高压辊磨机细度和处理能力对单个参考矿样上的变化小于±3%，这就意味着高压辊磨机回路的运行非常稳定均匀。特别是尽管参考矿样的 *SPI* 值变化范围为 93~236min，邦德功指数变化范围为 13.9~18.0kW·h/t，但各种高压辊磨机试验矿样的产品粒度没有大的变化。基本上，所有的参考试验矿样都表明了平均碎裂特性，这说明细粒级产品的生产不是如预期的那样会由于在 *SPI* 试验中矿石非常硬和非常耐磨而变得特别差。

Sierra Gorda 铜矿在各种假设下进行了大量的方案研究，比较了半自磨（SABC）、常规的三段破碎（crushing）和高压辊磨机（HPGR）方案，得出了相同的结论。总之，由于节省能耗和钢耗、湿式筛分得到的与常规破碎相比更细的给矿而减小了球磨机规格，补偿了更高的投资。三个研究方案的投资费用和运营成本费用比较见表 6-4。

表 6-4　三个碎磨方案的投资和运行成本比较

回 路 配 置	投资/百万美元	成本/美元·t⁻¹
SABC	509.5	3.89
HPGR	587.2	3.04
三段破碎	611.3	3.24

按 8% 的内部贴现率和 23 年的矿山服务年限所计算的方案净现值（NPV）见表 6-5。

表 6-5　三个不同碎磨回路配置的净现值比较

两种方案相减	所需增加投资 /百万美元	成本降低 /美元·t⁻¹	方案净现值（8%，23 年） /百万美元	方案内部收益率 （23 年）/%
HPGR-SABC	77.7	0.86	255.8	45
三段破碎-SABC	101.8	0.66	157.2	26
HPGR-三段破碎	-24.1	0.20	98.6	——

表 6-5 的结果表明，高压辊磨机配置是经济上最具有吸引力的回路，选择这种配置代替半自磨机回路，项目的净现值可增加约 2.558 亿美元，投资比半自磨机方案增加约 7800 万美元，但内部收益率达到 45%。高压辊磨机回路的投资比传统的圆锥破碎机回路更少，且运行成本更低（约 0.20 美元/t）。结果，把在 2009 年概念性可研中建议的采用传统型圆锥破碎机回路的磨矿回路配置改成了采用高压辊磨机工艺破碎回路的磨矿回路配置，项目的投资降低了约 2410 万美元，项目的净现值增加了约 9860 万美元。

6.3　工　艺　流　程

Sierra Gorda 采用的碎磨流程与 Cerro Verde 的碎磨流程非常相似，如图 6-3 所示。

中碎机采用后向闭路运行，采用闭路运行是为了控制高压辊磨机回路的最大给矿粒度。通过限制高压辊磨机的最大给矿粒度，可以在辊子上采用更硬和更耐磨的碳化钨辊钉，使在相似的成本条件下增加辊子寿命。采用更硬的辊钉，辊子的寿命可以从 6000h 增加到 7500h，对一个处理能力 110000t/d，采用 4 台 POLYCOM 24/17 高压辊磨机的选矿厂每年可节省约 150 万欧元。如果中碎回路给矿含有大量的细粒级，建议采用后向闭路。这些细粒或者是原矿中自然存在的，或者是在露天矿中高强度爆破的结果。在这两种情况下，所需的中碎机回路减小，导致中碎机的数量减少，或规格减小，或高压辊磨机回路的给

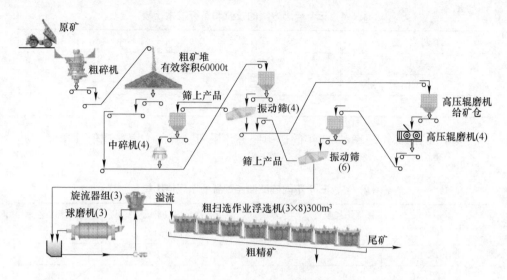

图 6-3 Sierra Gorda 的碎磨流程

矿更细。这也延长了辊子的寿命，得到了更细的产品。中碎前筛分和中碎机有单独的给矿仓，给矿量单独控制，保证了破碎机和筛分机的最佳性能。采用单一的缓冲矿仓给矿到筛分机，随后筛上产品直接给到破碎机的方法不能保持破碎机的连续挤满给矿条件。由于产品质量和设备损坏的原因，强烈反对没有筛分的物料直接给入中碎机。

高压辊磨机回路与湿筛构成闭路运行。在项目进行阶段，由于 Sierra Gorda 矿石的高耐磨性，研究了高压辊磨机只是采用边料循环而开路运行的想法，但最后放弃了。高压辊磨机选择采用全闭路配置，是由于在半自磨机中特别难以处理 13~80mm 之间的物料。这些粒级不可能在球磨机中更容易磨。开路的高压辊磨机即使有边料循环，仍然会产生含有 3%~6% 的 25~50mm 粒级的球磨机给矿，认为是这些粒级在处理较软的矿石时是可以接受的，但处理硬的和耐磨的矿石如 Sierra Gorda 的矿石时，会在球磨机中造成粗粒碎屑的累积。流程中考虑了筛分机可以旁通，可以探索后期高压辊磨机采用开路运行的可行性。

球磨机与旋流器闭路运行，以在磨矿之前除去来自于高压辊磨机回路的细粒级物料。

6.4 设备选型和设计

设备选型依据表 6-6 的设计参数。选矿厂 I 期设计能力为 110000t/d，每年约 4000 万吨。

表6-6 主要设计和设备数据

设 备	参 数	单位	数值
中碎 圆锥破碎机 （MP1250）	设备数量	台	4
	利用率	%	85
	中碎回路给矿量（总计）	t/h	5392
	粒度 T_{100}（中碎—高压辊磨机）	mm	45
高压辊磨机 （POLYCOM 24/17，5.6MW）	设备数量	台	4
	F_{100}（高压辊磨机）	mm	45
	利用率	%	90
	高压辊磨机回路给矿量（总计）	t/h	5093
	高压辊磨机给矿量（实际）	t/h	2343
	高压辊磨机给矿量（设计）	t/h	3000
	粒级 T_{80}（高压辊磨机—球磨机）	mm	3.7
球磨机 （ϕ7.9m×13.4m， 17MW）	设备数量	台	3
	F_{100}（球磨机）	mm	6
	利用率	%	93.5
	球磨机回路给矿	t/h	4902
	球磨功指数	kW·h/t	17.5
	球磨功指数降低	%	0
	P_{80}（球磨机）	μm	171

为了生产 5392t/h 粒度小于 45mm 的回路产品，中碎选择了 4 台 MP1250 破碎机。中碎回路设计的利用率为 85%。

选择 4 台 POLYCOM 24/17 高压辊磨机与筛孔 6mm 的湿式筛分机闭路，为球磨机生产 F_{80} = 3.7mm 的给矿产品。预期的循环系数（即高压辊磨机给矿/回路给矿）为 1.84，对应于 84% 的循环负荷。可利用率高于 92%，处理能力根据 90% 的回路利用率计算。在几个应用实例中一般地可利用率都超过 95%，回路利用率超过了 94%。根据设计指标，每台高压辊磨机必须能够处理 2343t/h。无论如何，根据 270~300t/（m³·h）的比处理能力，每台设备可取得的处理能力预期至少为 2750~3000t/h。

磨矿选择了 3 台包绕式电机驱动的 ϕ7.9m×13.4m 球磨机，每台装机容量为 17MW。假定球磨机利用率为 93.5%，所需的功率根据产品细度 P_{80} = 171μm，邦德功指数 17.5kW·h/t 和标准邦德方程计算。由于在选型中根据邦德能耗确定考虑了高压辊磨机处理的矿石和设计系数，因而没有功指数降低。在试验中确定的 12% 潜在球磨功指数降低已经在内在的设计系数中考虑了。

6.5　POLYCOM 高压辊磨机设计

　　根据从 2006 年在硬岩矿山安装的第一台 POLYCOM 高压辊磨机以来的经验教训，设备本身及其选矿厂设计都进行了一些改进。此外，选矿厂的操作人员对运行要求做了更好的了解，这些学习大部分是在 Sierra Gorda 铜矿完成的。

　　在以前安装中的主要问题是磨损问题（辊胎磨损、辊钉碎裂、边缘块损失和颊板磨损）、轴承问题、由于偏斜所致的跳闸和控制缓慢及启动程序问题。

　　经过反复实践才了解到有一些因素而不是矿石的研磨性最终确定辊子的寿命。辊子表面有凸出的碳化钨辊钉保护着，辊钉之间的面上填塞有自动耐磨保护层保护着。碳化钨辊钉的硬度等级必须与所处理矿石的研磨性、耐磨性和给矿粒度相匹配。采用太硬的辊钉导致辊钉破损，太软的辊钉导致辊子寿命降低。为了确定矿床内特定矿石最合适的辊钉硬度等级，已经开发了一个试验和分析程序。在这方面所得到的数据可以为初始的辊子选择合适的辊钉等级，以避免辊钉破损和保证第一套辊子有一个长的寿命周期。根据初次运行的经验，像在南美的铜矿（从 3000h 到大于 10000h）和在澳大利亚金矿（从 5000h 到大于 7000h）那样，开始了一个典型的优化过程。通过采用复合块（钢和硬金属）提高了边缘块的设计。颊板设计改进采用了硬的金属块，等级厚度根据在挤压区域面上的磨损应力调整。

　　在早期硬岩应用中的一些轴承问题，主要是由于轴承密封的损坏和热超载所致的磨损引起的。在一个特定的选矿厂中，设计的 POLYCOM 高压辊磨机旁通和排矿溜槽造成了潮湿又黏的物料在高压辊磨机的罩子内堆积，最终达到轴承密封的高度，这些堆积的物料最后甚至毁坏了加强的密封。与高驱动功率的高压辊磨机相联系的另一个教训是轴承里产生的热量不能只是靠水冷轴承块或稀油润滑系统散除，在高转速和高挤压力下轴承温度会增加到不可接受的水平。附加的油润滑系统能够降低热负荷，但是对更大的辊子主轴需要增加水冷却。

　　偏斜一般是由于不可接受的给矿离析及不合适的运行程序所导致的结果，不是高压辊磨机自身的机械或设计问题，最初一些选矿厂的偏斜问题在改进运行程序后能够消除。给矿离析在任何选矿厂不能够完全避免，但是需要通过合适的缓冲矿仓设计及缓冲矿仓合适的充填和排空使其最小化。高压辊磨机偏斜的能力不是设计的弱点，它是一种力量，辊子对由于给矿离析引起的不均衡啮合条件的适当调整（偏斜）是在这些条件下保持挤压磨矿效率的前置条件。不可接受的偏斜常常是非挤满给矿条件的结果，非挤满给矿条件常常产生在开始给矿期间，如果给矿量与辊子转速不匹配，填满高压辊磨机漏斗的时间就会过长。Sierra Gorda

的高压辊磨机在给矿漏斗的较低位置装有"开-关闸门"，当给矿停止时，这些闸门是关闭的。在重新启动期间，高压辊磨机的给矿机在"开-关闸门"打开之前填满关闭的给矿漏斗。这个程序不仅是保证立刻挤满给矿的条件，也降低了由于物料不能够自始至终通过给矿溜槽落下时对辊子的影响。此外，采用了开-关闸门，给矿皮带的宽度也就不是那么重要了，也可以减小。没有关闭闸门，皮带给矿机的宽度必须比辊子宽度更宽，所有早期采用 POLYCOM 高压辊磨机的选矿厂并不都是这样。

为了避免 POLYCOM 高压辊磨机成为单独的黑箱 PLC，最初首选的方法是采用 POLYCOM 高压辊磨机的启动-停止程序、内部控制回路和连锁均进入选矿厂的 DCS 系统。然而，以前的教训表明，采用控制和连锁进入选矿厂的 DCS 系统有时是不够的，DCS 系统的反应时间有时太慢。因此，专门为 POLYCOM 高压辊磨机开发了一个设备保护系统（MPS 或 PLC），主要的目的是加速启动和停止程序，把启动时间从 20min（没有 MPS）降低到小于 5min（有 MPS），且对偏斜和过负荷条件反应更快，更安全地控制。

6.6　球磨机设计

Sierra Gorda 球磨机是智利采矿工业独特的设计和制造，独特的是筒体支撑轴承设计和磨机筒体的现场焊接。图 6-4 所示为筒体支撑球磨机的示意图。

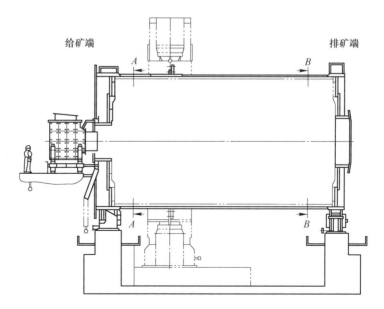

图 6-4　现场焊接的筒体支撑球磨机示意图

　　过去几十年里，耳轴支撑的磨机一直是矿物工业的默认选项，极少有例外。2004 年，秘鲁的 Cerro Verde 铜矿成为第一个湿式磨矿工艺采用筒体支撑球磨机的巨型铜选矿厂，现场焊接设计，这种设计在干式磨矿应用中已经被证实超过了40 年。在 Cerro Verde 铜矿，4 台 φ7.3m×11.0m，装机容量为 12MW 的球磨机从2006 年起开始运行，尽管在其中一台磨机筒体上出现了机械问题（主要是由于橡胶垫失效导致腐蚀引起的），该公司还是决定在其 Cerro Verde 铜矿Ⅱ期工程中采用了 6 台更大规格（φ8.2m×14.2m，装机功率 22MW）同样设计的球磨机。除了 Cerro Verde 和 Sierra Gorda 之外，也有其他的采矿公司（Vale、Barrick、Gindalbie）接受了这种设计，安装了这种设计的磨机。

　　筒体支撑的磨机设计能够使整体制造的磨机体没有任何重型的端盖和耳轴铸件，使得制造的风险及与这些挑战性的铸件相关的费用最小化。这种设计在筒体圆周上提供了足够的轴承面积，其将大磨机的轴承压力限定在了可接受的水平上；取消了在耳轴/端盖/筒体之间的法兰，极大地改善了磨机的强度，降低了磨机的偏斜，从而使得包绕式电机的气隙可以更精确地调整。通过取消法兰连接可以得到最强的磨机结构，这个通过现场焊接设计可以保证避免任何结构上的法兰。图 6-5 所示为磨机在安装、调直和现场焊接的照片。

图 6-5　球磨机的现场焊接

　　筒体单独的筒段，一般大磨机为 3~4 个，运送到现场，在现场焊接到一起。现场焊接由于消除了法兰，极大地减少了磨机筒体的质量。此外，最终单一的磨机筒体上在维持可接受的应力水平的条件下，筒体的厚度也能够降低，这也成比例地降低了成本，特别是多个系列安装的大型磨机。

　　现场焊接磨机筒体总的安装时间能够分成两个阶段，即单一筒段的安装和校准时间（与法兰连接的磨机相比，基本上是同一时间段）和筒段的焊接时间（根据磨机的规格，可能需要比法兰连接的螺栓紧固多两周的时间）。在车间里制造的筒段，节省了现场焊接所需的额外时间，避免了法兰的滚动和焊接，会省去两周在车间的制造时间。

6.7 安装、试车、运行和维护

下面对从安装试车到运行维护得到的经验与教训进行总结。

6.7.1 安装

如上面所讨论的，3 台球磨机（ϕ7.9m×13.4m EGL，每台装机功率 17MW）的安装是智利矿业一个独特的过程，球磨机的安装有 5 个主要步骤，即筒体支撑轴承的安装、筒段的适配和安装到轴承系统上、4 个筒段的焊接、包绕式电机的安装和调整、磨机衬板的安装。

磨机筒体的安装和现场焊接由 ThyssenKrupp Polysius（现在的 TK Industrial Solutions）的焊接团队完成，磨机筒体校准和焊接设备所需的支持也由 Polysius 提供。第一台磨机筒体校准开始于 2013 年 6 月初，包括第三台磨机的 NDT 试验在内的焊接于 2013 年 9 月末完成，期间约 4 个月。磨机安装和焊接不在关键的路径上。磨机如图 6-6（b）所示。

(a)　　　　　　　　　　　　(b)

图 6-6　24/17 型高压辊磨机(a)和现场焊接的 ϕ7.9m×13.4m 球磨机(b)

每台 POLYCOM 24/17 型高压辊磨机（见图 6-6（a））的安装从放上基座直到减速机连接到主驱动电机上，花费约 6 周时间。基本上，两台或更多台高压辊磨机能够同时安装，取决于可用的安装人员。冷试车需要可用的动力。此外，管道、电缆及高压辊磨机的保护系统与选矿厂 DCS 的连接必须最后确定，可以在安装期间完成。冷试车所需的时间一般为两周，在 Sierra Gorda 铜矿因电缆延伸的一些事情持续了约 3 周。高压辊磨机的热试车主要取决于给矿物料的稳定均匀的供应，在整个选矿厂的试车期间经常存在这样的问题，有时是一个很大的挑战。高压辊磨机从热试车到连续运行接近于最大压力和辊速一般在 1~2 周内完成。图 6-6(a)所示为在 Sierra Gorda 铜矿安装的高压辊磨机。

6.7.2　试车和达产

根据生产实践经验采用半自磨机或高压辊磨机可能对达产的曲线有影响，没有人能够提前预计即使是在评估了最终得到的达产曲线时做出正确的决定。当然，在 Sierra Gorda 铜矿，高压辊磨机本身没有造成任何额外的问题，更广泛的物料输送系统已经把这些问题都反映出来了，这需要适当地关注。

达产和维持整个选矿厂的设计能力需要碎磨系统上游的采矿和粗碎达到生产目标，然后，浮选或浸出、再磨、脱水、尾矿处理等碎磨回路的下游作业必须能够连续地达到设计能力。电和水必须随时和充分可用。这些环节的任何一个都可能影响试车，减缓整个选矿厂的达产曲线。

采用半自磨机的主要观点认为：半自磨机回路系列少，物料输送设备少，因而安装、试车和达产更快。采用高压辊磨机的观点认为：该工艺一般更稳定且可靠，即使对于可变的矿石，它与半自磨机相比减少了工艺优化所需的时间。需要注意的是，以前的各种研究已经解释了所需设备选择的行为，为了能够达到设计能力来去除半自磨机的瓶颈，这两种观点中的任一个都可能成立，取决于该选矿厂的特定条件。

Sierra Gorda 选矿厂的达产曲线如图 6-7 所示。整个选矿厂实际的热试车开始于 2015 年的 7 月底，8 月初，并且在两台球磨机准备好运行之后。同时，破碎机和高压辊磨机已经准备好冷试车。第三台（最后一台）球磨机于 2015 年 9 月末试车，这个时间可以认为是实际提产过程的开始。在 2016 年 1 月，第三台磨机试车后 4 个月内，设计能力达到了，且几次超过设计能力。

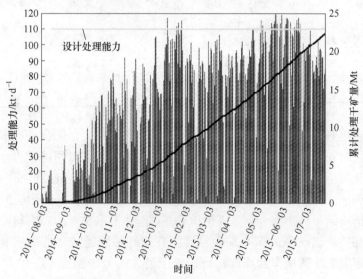

图 6-7　Sierra Gorda 铜矿选矿厂的提产达产曲线

在热试车之后和选矿厂逐渐提升达产期间，破碎和磨矿部分的设备能力和碎磨设备的可用性都没有对达到设计能力造成限制。

当时的目标是把生产稳定到或超过设计能力，改善磨机的运行时间到 91.4% 的动力学模拟值，结合生产中前几个月的更软的矿石和潜在的微裂隙，预期球磨机功指数降低可以导致生产水平接近 120000t/d。

6.7.3 运行和维护

一般地，采用高压辊磨工艺的选矿厂运行和维护十分类似于常规三段破碎—球磨的选矿厂：两者都包含重要的物料输送部分，即带式输送机、矿仓、给矿机等，以及综合的筛分部分。主要的差别在于，大多数场合在球磨机的前面是湿筛，并且破碎和磨矿回路的环境直接与高压辊磨机部分相接，没有大的中间矿堆。因而，需要操作人员和维护人员具有对两种情况下非常熟悉的技能。操作和维护物料输送设备和筛分设备所需的特殊要求在过去数十年中，由于半自磨机在矿业广泛采用已经减少到一定的范围之内。

即使采用半自磨机的选矿厂，如果半自磨机系列的下游需要大规模的顽石破碎回路，也会达到极其复杂的程度。半自磨机意味着简单的回路，而高压辊磨机意味着复杂的回路，在这个层次上的简单化是没有用的。

Sierra Gorda 铜矿为其挑战性的任务准备了充足的操作人员和维护人员，关键人员对采用高压辊磨机的几个现场进行了考察，提供了充足的学到的信息和最好的实践经验。

在安装、预试车和试车阶段，Sierra Gorda 铜矿现场团队和高压辊磨机制造商的人员之间合作非常紧密，Sierra Gorda 铜矿认为制造商在准备用于高压辊磨机的启动、运行和维护的操作人员和机械维护人员方面非常可靠，控制、报警和运行策略发展很好，沟通很好。Sierra Gorda 铜矿的操作人员和维护人员在最终接手高压辊磨机和球磨机部分的所有权之前，通过了各个步骤的熟悉和资格认证。

制造商在现场提供了预先的课堂培训，让操作人员和维护人员来熟悉关于高压辊磨机和球磨机的机械、电气和工艺要求等方面的操作和维护。在所有从冷试车到工艺优化的阶段，Sierra Gorda 铜矿的现场和 DCS 操作都有制造商的现场人员指导。在试车期间，选矿厂操作人员连续地在 DCS 控制室给予支持，学习非常快使得可以快速移交。在试车之后，制造商在现场保留一个服务经理及高压辊磨机和球磨机方面的专家来帮助 Sierra Gorda 铜矿的人员处理机械和工艺方面的问题。此外，永久性的现场服务由 TKIS 智利的当地团队提供。

操作人员快速地识别高压辊磨机合适的给矿条件，对于设备的平稳运行是必不可少的。给矿粒度和洁净是关键，在高压辊磨机的上游除去游离金属和探测损坏的筛板是最重要的任务，保证均匀一致的给矿以维持挤满给矿条件和沿着辊子宽度均匀一致的粒度分布以避免偏斜问题。开始时偏斜是一个问题，不断出现，但在可移动的辊子上采用了压力控制和在高压辊磨机缓冲矿仓更均匀一致地填充后被控制住了。操作者已经确认在高压辊磨机的运行上不存在特别的困难，只要控制系统保持给矿腔室挤满，压力恒定，功率输出在设计的系数范围之内，就可以正常运行。通过人工调节或者控制回路自动调节辊速控制处理能力，能够很好地调节挤压力控制高压辊磨机产品细度。

大部分与高压辊磨机相关的维护是常规的工作，维护辊子轴承的油脂和冷却系统、维护减速机的润滑油和冷却系统、维护可浮动辊子滑板上的油脂、蓄能器的氮气压力控制等，是选矿厂非常标准的工作。

辊子、颊板、给矿漏斗内衬要定期检查。辊子的磨损速率非常温和，辊钉破损轻微，预期将会超过保证的6000h的辊子寿命，颊板也只是部分高磨损区域更换了。

第一套辊子使用中，对更换程序提出了更合理的方法，并借鉴了其他运行现场的经验，进行了大量的培训。辊子的更换将会在TKIS人员的督查和参与下进行。

一般地，中碎和高压辊磨机的关键区域是缓冲仓和球磨机之前湿式筛分的给矿布置。破碎车间停车的主要原因是在矿仓之上卸料皮带的往返小车，设计采用的是链轮链条传动的驱动装置，非常重，开始也有一些是控制问题，把链条拉长了，造成多次停车进行重新调整。与湿式筛分相关的问题主要是筛板的损坏和高磨损，以及筛分效率差。通过改善筛子的给矿布置及严格控制中碎前筛分的筛下产品的最大粒度，基本上可以约束和避免筛板的破损。改善湿筛的给矿和给水、更耐磨的筛板（加强的聚氨酯）和更高的筛子振幅，应该能够改善筛分效率和降低筛板磨损。

皮带调准、矿石清扫不合适及返回造成的一些问题与带式输送机及转运点的飞溅有关。这些除了由于皮带跑偏会造成皮带损坏之外，都不会对运行造成伤害，改进一直在持续进行。

6.8　破碎和磨矿回路的性能

早期运行的结果表明，破碎和磨矿回路能够超过设计的指标。

3台中碎机与45mm筛孔的干筛采用后向闭路运行，在2015年1月，平均破碎机的给矿只有中碎机破碎回路给矿的58%。这就导致对4台MP1250破碎机的给矿量约为3100t/h，而其设计能力在85%的利用率下为110000t/d。这样的给矿量能够很容易地破碎处理，不需要所有的破碎机同时长时间地运行，或者可以降低对高压辊磨机回路的给矿粒度。

4台高压辊磨机与6mm筛孔的湿筛闭路运行，在2015年1月，高压辊磨机的平均给矿只有其回路给矿的 150%，而不是设计考虑的 184%，这就使高压辊磨机的给矿量降低到 8000t/h。在 2015 年 1 月，高压辊磨机的平均比处理能力大于 270t/(m³·h)，表明每台高压辊磨机将能够处理 3000t/h，或者所有的高压辊磨机在最大转速下能够处理约 12000t/h。这些数据表明，高压辊磨机回路有很大的富余能力，可以使破碎机在中等挤压力和转速下运行，或者可以采用 3 台高压辊磨机而不是所有 4 台运行。这个富余能力可以在将来利用以产生比 6mm 更细的球磨机给矿。参照高压辊磨机的给矿，其平均比能耗是 1.5kW·h/t；参照高压辊磨机回路给矿，其比能耗是 2.3kW·h/t。

3 台球磨机采用后向闭路运行，正常给矿为小于 6mm。每台球磨机一般以 15.8MW（可用功率为 17MW）运行。目标产品细度是约 170μm（设计值）、矿石硬度在 14~15kW·h/t 之间，因而属中等。矿石硬度由邦德功指数表征，将要处理的矿石硬度预期随着时间的变化是极其重要的。图 6-8 所示为根据 Sierra Gorda 铜矿将来采矿计划的邦德功指数。矿石硬度在 2015 年后期达到设计 17.5kW·h/t 的最初峰值。以前，球磨机运行经历了由于筛孔结果造成的过大粒度给矿，筛板结构柔性使得粗的颗粒通过及破损等，这些影响了球磨机的性能。

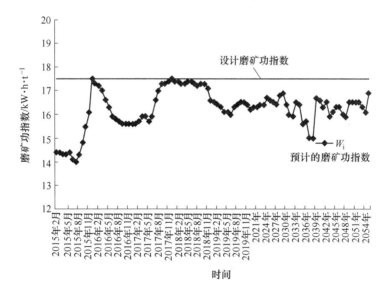

图 6-8　根据采矿计划随时间变化的矿石硬度（邦德功指数）

6.9　结　论

Sierra Gorda 铜矿选矿厂是智利采矿工业的一个里程碑，它是在以前都是半自磨机主导的国家中第一个采用基于高压辊磨机的碎磨流程的铜选矿厂。

一个碎磨工厂的试车、运行和维护不是一帆风顺的。虽然挑战可能是不同的，但不一定大于其他选矿厂，而且是可控的，对这样一个工厂的运行不需要特殊的技能。

总之，选矿厂的高压辊磨机应用是最顺利的，没有对选矿厂的运行带来任何耽误，且没有任何影响到选矿厂能力的提升。碎磨回路的主要设备满足预期，能够在恒定的处理能力和细度条件下，提供平稳的运行。

参 考 文 献

[1] Comi T, Burchardt E. A premiere for Chile: The HPGR based copper concentrator of Sierra Gorda SCM [C] // Klein B, McLeod K, Roufail R, et al. International Semi-Autogenous Grinding and High Pressure Grinding Roll Technology 2015, Vancouver: CIM, 2015: 67.

7　高压辊磨机在 Cerro Verde 铜矿Ⅰ、Ⅱ期选矿厂的应用

7.1　概　　述

Sociedad Minera Cerro Verde S. A. A.（SMCV）经营着位于秘鲁南部 Arequipa 附近的 Cerro Verde 铜矿[1]，该矿为斑岩铜矿，是南美已知最早开发的铜矿之一。该矿断断续续小规模开采直到 1970 年其所有权恢复到秘鲁政府所属的 Minero Perú S. A 公司。1972 年开始氧化矿的开采和选别，到 1976 年，一个浸出—萃取—电积厂投入生产。过去多年来矿山所有权几次转手，1994 年，Minero Perú 将 Cerro Verde 铜矿卖给 Cyprus Climax 金属公司，1999 年 Phelps Dodge 购得 Cyprus Climax 金属公司，2007 年 Freeport 又购得 Phelps Dodge 公司。

为建立一个处理大量位于表面氧化矿之下的原生硫化矿资源的选矿厂，在 20 世纪 90 年代期间进行了几次可行性研究，但直到 Phelps Dodge 和 SMCV 在 2004 年完成的可行性研究之前，这些研究中没有一个得出可以经济开采的结论。2004 年的可行性研究提出了在 2005~2006 年建设一个 108000t/d 选矿厂的经济可行性，选矿厂在 2006 年底开始运行，开始的设计处理能力是 108000t/d，在投料试车后以 30 天的平均移动基准，在第 266 天达产。

2009 年，通过研究和评估，有了解决所观察到的选矿厂瓶颈的目标，可以使处理能力达到 120000t/d。受制于当时的粗碎机和尾矿浓缩机，且因为这两种设备要升级非常昂贵，这个数字代表着所能达到的处理能力上限。

在去除瓶颈评估中要解决的重大事项有：

（1）通过改善冷却系统性能，使球磨机包绕式电机的功率从 12MW 提升到 13MW。

（2）提升两条带式输送机的安装功率。

（3）把球磨机旋流器给矿泵功率从 1119kW 提升到 1865kW。

（4）球磨机的每个旋流器组增加了一台旋流器。

（5）改善了再磨回路的泡沫输送能力，包括提升了泵的规格和改进了泵池设计。

（6）设计增加了一个澄清浓缩机来回收现有精矿浓缩机溢流中的泡沫。

（7）增加了一个浮选再精选回路，以降低浮选精选回路中铜和钼的循环负荷。

去除瓶颈的活动在 2010 年完成，使得生产处理能力达到了 120000t/d。

在 2006 年建设现有的选矿厂时，硫化矿储量是 14 亿吨，到 2010 年，由于不断地探矿和市场的变化，这个储量增加到 34 亿吨。受储量规模增加的驱动，2010 年 5 月开始进行可行性研究，以评估通过建设第二个选矿厂处理这个更大的硫化矿储量的潜力。建议提出在 Cerro Verde 把现有的选矿处理能力从 120000t/d 增加到 360000t/d，采用与现有选矿厂同样的工艺，建设一个新的独立的第二选矿厂。选矿处理能力选择增加 240000t/d 是因为处理能力越大，经济效益越好，建议的处理能力与可用的硫化矿储量及实际可用的支持该处理能力的水资源、电力资源是匹配的。同时，新的 240000t/d 选矿厂代表着一次建成的最大处理能力的选矿厂。

可行性研究的结果是正面的，工程推进的时间表见表 7-1。建设项目推进良好，启动分阶段进行，试车在 2015 年第四季度开始，在 2016 年的第二季度满负荷生产。

表 7-1 工程建设时间表

阶　　段	开始时间	完成时间
可行性研究	2010-05-01	2011-03-31
开始启动	—	2011-10-31
详细设计	2011-10-31	2014-09-26
环评提交	2011-11-03	2012-11-30
施工许可	2012-09-14	2013-02-28
施工	2013-05-01	2016-02-05
选矿厂开始投料	2015 年第四季度	—
满负荷生产		2016 年第二季度

现有的 120000t/d 选矿厂称为 C1 选矿厂，新的 240000t/d 选矿厂称为 C2 选矿厂。两个选矿厂的碎磨回路的主要设计特点和设计基础在下面讨论。

7.2 扩建工程内容

新选矿厂的基础设施的建设涉及几个单独的但又相关的地形上分布很广的子项的协调，这些子项由不同的公司实施，拥有复杂的界面。图 7-1 所示为这些子项具体的位置。

（1）土方工程。选矿厂场地的开挖（挖方和填方分别为 1300 万立方米、

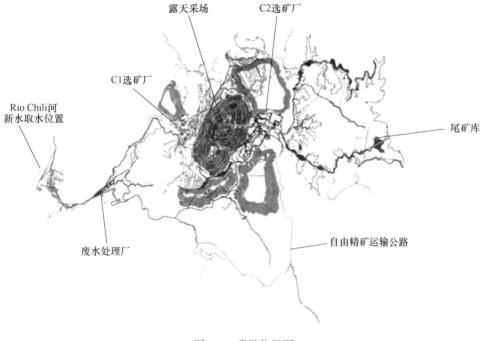

图 7-1　项目位置图

1800 万立方米)、尾矿库系统和回水系统开挖（挖方和填方分别为 460 万立方米、810 万立方米）的土方工程由 SMCV 的一个专门的团队采用全套的采矿设备来完成。挖方和填方总计为 7300 万立方米。

（2）新水系统。新的 C2 选矿厂及 SMCV 其他现有设施运行的新水将要通过合并全部的现有 Rio Chili 河新水取水权及与来自于一个新建废水处理厂（污水处理）处理过的水混合，这个新建废水处理厂是用来收集和处理 Arequipa 的污水。改造现有的扬送系统以及安装新的扬送系统将使 SMCV 全部利用他们现有的 Rio Chili 河的 1160L/s 瞬时基础上的取水权。SMCV 也有权利用在 365 天动态平均的基础上 1000L/s 废水处理厂产生的水。

新的新水扬送和输送系统的整个设计能力为 1800L/s，这将提供足够的水注入尾矿库在 C2 选矿厂运行之前作为启动用水，并将在 C2 选矿厂运行时为现有设施补充新水。

4 个泵站和相应的管路系统将把 Rio Chili 河水和废水处理厂的水扬送到新的 C2 选矿厂。两个现有的 Rio Chili 河泵站（PS1B，PS2B）将被更换新泵，使得现有的 900L/s 新水扬送能力提高到 1160L/s。将建设两个新的泵站（PS3B，PS4B），把合并后的 Rio Chili 河（PS1B，PS2B）的水和废水处理厂的水扬送到 C2 选矿厂。泵送和管路系统详情见表 7-2。在 C1 和 C2 的新水系统之间的连接上安装了交叉和旁路能力，使得水源在使用上具有灵活性。

表 7-2　新水扬送和管路系统

项　　目	水　泵				管　线	
	泵数量	流量 /m^3·h^{-1}	扬程 /m	功率 /kW·台$^{-1}$	直径 /mm	长度 /m
PS1B	3	460	45	93		
PS2B	3	805	180	746	762	3771
PS3B	4	2163	372	2984	914	2958
PS4B	4	2163	326	2984	914	12400
总计		923		26389		19129

（3）废水处理厂。SMCV 正在建设一个生活污水处理厂（废水处理厂）及相关的污水收集系统，以使得所有 Arequipa 城镇产生的污水都进行处理，处理后的污水满足秘鲁和北美的生活用水标准。目前，Arequipa 的所有生活污水都直接排入 Rio Chili 河。废水处理厂建成后用于支持工程所需的水资源。

最初的废水处理厂设计处理能力是 3.6m^3/s，将来会随着 Arequipa 增长的需要进行扩建。SMCV 在年动态平均的基础上将接受 1m^3/s 的处理污水用于扩建的工程，剩余的处理污水将返回 Rio Chili 河。

SMCV 将分包废水处理厂设施的运行和维护，该设施位于 SMCV 现有 C1 选矿厂 Enlozada 尾矿库的下游，在 Arequipa 城镇的南边靠近 Rio Chili 河附近和周围区域正在安装 5 个污水收集系统，将把生活污水输送到靠近现有 SMCV 新水泵站和处理设施的枢纽和污水提升站设施。原始的生活污水将被筛分除去大的碎屑，然后用泵送到废水处理厂。废水处理厂是一个二级处理设施，其利用滴渗过滤/固体接触型生物处理过程。在处理过程中，从废水中除去的残余固体被脱水后送到一个也是在 SMCV 区域内建设的污泥掩埋式垃圾处理厂。废水处理厂处理后的废水将排放到紧靠废水处理厂的衬好的均衡池中，然后用泵送到 C2 选矿厂的新水箱或者返回到 Rio Chili 河。

（4）动力。根据现有的 Cerro Verde 矿山功率需求，将增加 350MW 以满足 240000t/d 扩建的采矿和选矿需求。这个新增的功率将通过现有的秘鲁电网在 San Jose 附近新建一个 500/220kV 变电站，从 San Jose 变电站安装一个双回路 600MV·A-220kV 供电线路（32km）到 C2 选矿厂的两个新的 220/34.5kV 变电站。这些变电站将给到露天矿、选矿厂和尾矿回水及渗水系统，同时也安装了一个单回路的 400MV·A-220kV 供电线路（14km）来连接 C1 和 C2 选矿厂，为两个选矿厂提供第二个电源，这个供电线路还通过一个 5km 的架空线路给到一个新的 220/69kV 变电站，满足新水泵站和废水处理所需用电。

（5）自有精矿运输公路。建设了一条 31km 的自有精矿运输公路，把精矿从矿山运送到位于 La Joya 的秘鲁铁路转运站。该道路允许载重 90t 的精矿卡车通过，精矿运输受制于国有高速路载重 30t 的限制。矿山现场经国有公路到铁路转运站是 52km，C2 选矿厂的精矿卡车将采用两个拖车，每个拖车有 3 个 15t 的封闭式集装箱，自有精矿运输公路使得精矿运输离开国有公路系统的拥挤（目前 C1 选矿厂的精矿每天为 70~80 个往返）。采用 90t 的卡车后，所需的 C2 精矿每天卡车循环的数量减少了 1/3，自有精矿运输公路也可以用于矿山和 Matarani 港口之间的其他货运。

（6）铁路转运站扩建。精矿运输分两段进行，精矿从 C1 和 C2 选矿厂用卡车运到现有的位于 La Joya 附近的秘鲁铁路转运站，密封的集装箱从卡车拖车上转到铁路轨道车上，再运送到位于 Matarani 的 TISUR 精矿储存和海运设施。现有的秘鲁铁路转运站将扩建以适应新的 C2 选矿厂精矿的增加。

（7）精矿港口扩建。Cerro Verde 铜矿生产的精矿从位于 Matarani 的现有港口设施船运，该港口经秘鲁政府许可由 TISUR 管理。TISUR 的设施停泊能力已经不能满足 Cerro Verde 铜矿的 C1 和 C2 选矿厂合并后的精矿生产能力，新的泊位正在建设之中。新的泊位包括一个新的铁路分段堆场、一个单一的有轨船运接货建筑和一个新的 150000t Cerro Verde 精矿专用仓库，还将建设一条新的精矿转运皮带、离岸泊位和装船系统，但这些将与该地区的其他矿山共享。

（8）燃气涡轮发电厂。一个 185MW 柴油点火燃气涡轮发电厂正在秘鲁北部 Chiclayo 附近建设中，这个设施的建设是适应工程相关的稳定电力供应的管理需要，涡轮机将从柴油转换为燃气。

（9）尾矿库初始坝和回水。将建设一个新的尾矿库来储存 C2 选矿厂的尾矿，其距离 C2 选矿厂为 6~10km。初始坝高约 160m，旋流器分级后的尾矿将通过中线法堆坝，最终筑坝将高 300m、长 1750m。经过分析，认为最终坝的高度将是世界上最高的，尾矿库覆盖的面积约为 173 平方千米，设计的储存能力为 20 亿吨，将来可以扩建。

尾矿库设施的主要组成是初始坝、尾矿输送通廊（两条直径 1219mm 自流尾矿管线和一条稀释水管线）、一个两段旋流器分级站、一个渗水收集系统（泵池、坝下排水系统、渗漏返回管线和扬送系统）、一个回水系统（两艘驳船、两个加压泵站、一个分配泵站及其相关的管线）。旋流器沉砂、溢流并且所有的尾矿都提高压力通过初始坝坝顶后进行分配，沉砂也将利用下游中坡度放矿系统进行放置。大约一半的 C2 选矿厂尾矿需要旋流器分级来生产筑坝所需的粗砂，其余的尾矿将作为全尾矿放置坝的上游顶部和围绕着库区的其他位置放置。

7.3 C1 选矿厂描述

C1 选矿厂于 2006 年后期开始运行,是第一个专门设计采用高压辊磨机(HPGR)工艺的铜选矿厂。对 HPGR 和 SABC 工艺进行了广泛的评估[2],选择 HPGR 工艺的原因如下:

(1) HPGR 工艺比 SAG 工艺运行成本低得多(主要是功率和磨矿介质),降低的运行成本超过了在服务周期内 HPGR 较高的安装投资。

(2) 消除了 SAG 磨机衬板的更换。半自磨机衬板的更换是一个安全高风险的活动,HPGR 辊子的更换是在一个可控的环境中,极大地降低了安全风险。

(3) 半自磨机对矿石硬度和给矿粒度的变化比采用 HPGR 回路的破碎作业更敏感,HPGR 工艺减小了这些变化的影响,为下游作业提供了程度更高的运行稳定性。

(4) C1 尾矿库设施对筑坝所需的尾矿粗砂产率有严格的需求和约束,而半自磨机运行有潜在的过磨风险,对尾矿库粗砂物料的平衡有负面的影响。

(5) Cerro Verde 铜矿的矿石相对硬,平均 SPI 为 137min,平均 $A×b$ 为 49。采用半自磨机将需要安装顽石破碎回路,顽石破碎回路运行困难。

(6) 建议的 ϕ12.19m×6.71m 半自磨机处理能力潜在的提升空间非常有限,基于 HPGR 工艺的两段破碎回路提供了更大程度的工艺灵活性。

(7) 由于所需大的铸件数量,半自磨机回路的安装进度更长,与大的铸件相关的潜在质量事项相对于 HPGR 方案有进度上的风险。

图 7-2 所示为 C1 选矿厂流程图,碎磨回路开始是一台固定式 1.5m×2.9m 旋回破碎机,上部和下部料斗为 500t。一台宽度为 2700mm 的板式给矿机把粗碎矿石给到一条短的转运皮带上,然后给到一条长 686m 的带式输送机上送到粗矿堆。粗矿堆有效容积为 50000t,总容积为 400000t,可以使用推土机。粗矿堆下面有 4 台宽度为 1800mm 的板式给矿机,位于一条单一的取料巷道中。所有这些给矿机给矿到一条 2184mm 宽的皮带上,其将矿石给到中碎筛分前矿仓的给矿皮带上,中碎破碎机排矿也循环到这条皮带上。新给矿和中碎破碎机产品经过带有卸料小车的皮带给到容量为 3200t 的矿仓中。共有四个同样规格的中碎和筛分系列,每个破碎系列有一台宽度为 2134mm 的带式给矿机把矿石给到一台安装于一台 MP-1250 圆锥破碎机(安装功率 933kW)之上的 3.6m×7.9m 双层振动筛。振动筛的筛上物料为中碎破碎机的给矿,中碎破碎机的排矿返回到第二段破碎前的筛分给矿仓。筛下产品给到容量为 4800t 的第三段破碎(HPGR)前的缓冲矿仓,经分

配箱和双重往返式皮带分配到缓冲矿仓。矿仓下面经由 4 台宽度为 1500mm 带式给矿机分别给到 4 台 φ2.4m×1.65m、装机功率为 2×2500kW/台、变速驱动的高压辊磨机中。在高压辊磨机的给矿皮带上装有金属探测器,探测到的金属会通过一个自动翻转闸板转换绕过高压辊磨机,当探测到金属时,该翻转闸板能直接将其转换到高压辊磨机的排矿皮带上。高压辊磨机的排矿通过带有卸料小车的带式输送机分配给到 20000t(4×5000t)的球磨机给矿料仓。磨矿有四个系列,每个系列有一台 φ7.32m×10.67m 的筒体支撑式球磨机,采用 13000kW 的包绕式电机驱动。每台球磨机的给矿是两台 3.0m×7.4m 的双层湿式振动筛的筛下产品,下层筛孔是 5.0mm 和 5.5mm 的组合,湿式振动筛筛上产品由皮带返回到高压辊磨机的给矿仓。每台湿筛经由一台宽度为 2100mm 的带式给矿机给矿,每台球磨机的两台湿式振动筛都安装在容积 190m³ 的钢制衬胶球磨机旋流器给矿泵池的顶部。湿式振动筛的给矿稀释到约 50% 的浓度,湿式振动筛筛下产品直接排到泵池,用一台 650MCR(76cm×66cm)变速泵(安装功率为 1865kW)给到 9×φ840mm 旋流器组。

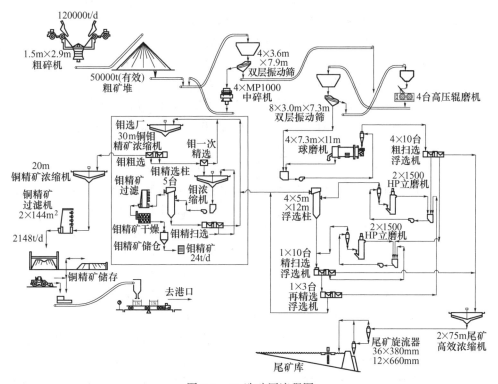

图 7-2 C1 选矿厂流程图

7.4　C1 选矿厂设计要素

C1 选矿厂设计要素包括以下几个方面：

(1) 第二段破碎和第三段破碎均采用闭路。中碎回路和细碎回路都与筛分构成闭路。第二段破碎闭路后使得随后的第三段破碎机（HPGR）防止受到过大颗粒物料的影响，因为超过高压辊磨机运行间隙的过大物料会损坏辊钉。第二段破碎机的筛分通过改变其筛孔也对平衡第二段和第三段破碎机之间的负荷提供了灵活性。这些参数已经在 C1 选矿厂的运行中证明是非常有效的。

(2) 第二段破碎机和筛分的耦合。第二段筛分直接安装在第二段破碎机的上方，这是必要的，是由于可用的地形不允许安装单独的筛分设施。但这样安排会有几个后果：

1) 第二段破碎机矿仓所需的高度要增加以满足在中碎破碎机的上方安装振动筛，每台单独的振动筛的运行要直接与单独的中碎破碎机耦合，如果维修或运行时破碎机间隙调整或筛网检查都会影响任何一个设备的运行，降低运行的灵活性。

2) 一台振动筛只能给到一台中碎破碎机。由于增加了矿石通过整个振动筛导致的滞后时间，中碎破碎机的过程控制受到影响。

3) C1 选矿厂中碎破碎机采用挤满给矿是很困难的。

这些问题已经被操作人员和维修人员成功地解决了，并且效果较好。

(3) 设计受投资因素影响。C1 项目由于投资的因素，重点强调的是避免过度设计选矿厂和相关的设备系统并且提供比目标更高的能力。生产目标是选矿厂正常能力 108000t/d，最大或瞬时能力达到 120000t/d。控制所有的设计因素、不允许任何一个专业增加单独的设计因素。

(4) 高压辊磨机变速驱动。每台规格为 $\phi2.4m \times 1.65m$ 的高压辊磨机都是由两台 2500kW 电动机驱动，变频驱动使辊子转速变化范围为 $0.8 \sim 2.8m/s$。可以根据矿石条件和给矿仓料位变化，最大可能地保持高压辊磨机的挤满给矿条件，使得设备由于给矿原因必须启、停的次数最小化。保持挤满给矿条件是延长辊钉和辊胎使用寿命的一个关键。辊胎损坏的潜在风险，在启动和停车条件下当矿石通过破碎腔直接落下时是最高的。变速能够在没有关停高压辊磨机的条件下，使得上、下游的制约因素变得可控。尽管变频装置昂贵，但其提供了使辊胎寿命最大化的灵活性，可以使辊胎损坏最小，且过程波动可控。

(5) 湿式筛分。高压辊磨机与湿式筛分闭路，选择湿筛工艺是因为其比干筛能效更高。安装干筛需要单独的筛分厂房且需要更大的筛分能力，而地形和经济上不允许。此外，湿筛自然消除了粉尘的产生，安装的湿筛运行效果很好，筛分效率超过了 90%。如果筛分添加水控制的合适，筛上产品水分含量小于 4%，且携带返回高压辊磨机的细粒有限。

（6）缓冲矿仓容量选择。选择的矿仓容量是根据离散事件仿真分析的结果，根据矿石特性（硬度）的变化、设备能力、计划的维修停车时间和非计划停车时间来考虑矿仓的大小。非计划停车时间定义为：在故障停车之间的平均时间和维修所需的平均时间，资料均来自于现有的选矿厂和其他类似的设备设施，分析范围包括从粗矿堆到球磨机磨矿。离散事件仿真的主要输出结果是预计的在出现问题时的年处理能力。选择的单个的矿仓大小及其最大的矿仓停留时间（充满时）见表 7-3。离散元素分析过程使得这些矿仓规格比最初估计值降低。分析的第二个结果是修改了计划的维护策略，以更好地协调第二段破碎、第三段破碎以及球磨机磨矿的维护。

表 7-3　C1 选矿厂的矿仓容量和停留时间

缓冲矿仓	单个生产系列的矿仓	
	容量/t	停留时间/min
第二段	800	17
第三段	1200	28
粉矿仓	5000	117

7.5　C1 选矿厂运行和维护性能

C1 选矿厂 2008~2014 年之间的年运行和维护统计见表 7-4，这些数据包括以"t/d"和"t/h"为基础处理的矿石、破碎和磨矿回路的机械运转率及磨矿回路带矿运行时间。

表 7-4　C1 选矿厂运行数据统计

年份	处理能力		回路有效率/%						磨矿带矿运行时间/%
			破碎			皮带	磨矿	选厂总计	
	按天计算/t·d⁻¹	按小时计算/t·h⁻¹	粗碎	中碎	细碎				
2008 年	106935	5046	90.5	90.6	90.0	90	90.0	90.0	88.3
2009 年	101731	4888	91.4	86.4	85.6	86	87.4	87.4	86.7
2010 年	111378	5141	93.3	93.4	94.4	95	93.9	91.4	90.3
2011 年	120206	5362	94.1	95.5	95.6	97	95.8	93.9	93.4
2012 年	118897	5378	93.2	94.9	95.1	96	95.6	92.6	92.1
2013 年	121641	5505	93.0	95.0	95.3	97	95.1	93.1	92.1
2014 年	120758	5449	91.3	94.8	95.5	97	95.0	92.9	92.3

　　初始选矿厂设计处理能力从 108000t/d 到 120000t/d 的去瓶颈过程在 2010 年完成。从 2011 年开始，C1 选矿厂运行和机械性能一直很好，也确认了选矿厂的设计基础。处理能力已经超过了 120000t/d 的目标，破碎和磨矿机械有效率均超过 95%，皮带运输系统也非常可靠，有效率达到了 97%。自 2011 年以来，选矿厂带矿运行时间达到了 92.3%。

　　高压辊磨机的辊胎寿命是一个很重要的运行参数，辊胎寿命的进展和改进从初始的 3000h 到 2011 年的超过 6000h[3]。由于在辊胎的辊钉形状、辊钉长度和金属成分等方面继续不断地改进，到目前已经达到了 10000h[1]。

7.6　C2 选矿厂描述

　　图 7-3 所示为 C2 选矿厂流程，安装了两台固定的 1.5m×2.9m 旋回破碎机（746kW/台），每台有一个 500t 的上部卸料斗和一个底部缓冲仓。两台粗碎机之间距离 150m 以保证良好的运矿卡车机动性和安全性，每台破碎机可以两边卡车卸矿。

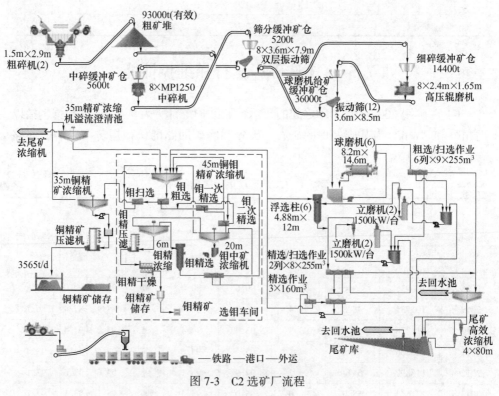

图 7-3　C2 选矿厂流程

　　每台粗碎机排矿仓下面安装有一台 2700mm 宽的板式给矿机，给矿到一条

1829mm 宽、长 461m 的粗矿石运输带式输送机上。粗碎后的矿石被输送到一个公用的粗矿堆。粗矿堆有效容积 93000t，总容积为 800000t，可以用推土机推矿石。

粗矿堆下面有两个单独的取矿通廊，通廊后部相通以便于通风和逃生。在每个通廊内安装有 4 台 1800mm 宽的板式给矿机从粗矿堆取矿，然后给到一条 1829mm 宽、长 474m 的粗矿石取矿带式输送机上，再转运到另一条宽为 2438mm、长为 398m 的第二段破碎机排矿带式输送机上。这些粗矿石与中碎破碎机的排矿产品合并后送到粗矿石筛分厂房。筛分厂房有两个独立的 2600t 缓冲矿仓，每个独立的缓冲矿仓有 4 个隔室，每个隔室容量为 650t，矿石通过带伸缩头的带式输送机分配到缓冲矿仓的每个隔室。每个缓冲矿仓下面有 4 台 2134mm 宽带式给矿机分别给到 4 台 3.6m×7.9m 双层振动筛。振动筛的筛上产品由两条单独的带伸缩头的带式输送机（1829mm×399m）分配送到单一的中碎破碎机缓冲矿仓。中碎破碎机的缓冲矿仓分为 8 个间隔，每个容量 700t，总计 5600t。每个间隔下面有一台宽度为 1829ⅲⅲ 可伸缩的带式给矿机，把矿石给到一台 MP1250 中碎圆锥破碎机。矿仓位于中间，矿仓的两边每边安装了 4 台中碎破碎机，两边共安装了 8 台中碎破碎机。中碎破碎机的排矿通过带式输送机送回到粗矿石筛分厂房。粗矿石筛分的筛下产品用两条 2438mm×481m 的带式输送机送到单一的高压辊磨机缓冲矿仓，利用带伸缩头的带式输送机把矿石分配到缓冲矿仓。

高压辊磨机缓冲矿仓有 8 个隔室，每个隔室容量 1800t，总计 14400t。每个隔室下面有一台 1829mm 宽的带式给矿机取料后把矿石给到 2134mm 宽的高压辊磨机给矿皮带上，然后给到高压辊磨机。每台高压辊磨机直径为 2.4m、辊长为 1.65m，由两台 2500kW 变速电动机驱动。采用给矿机—带式输送机串联配置，是由于从缓冲矿仓到高压辊磨机的中心线距离不便于采用带式给矿机直接给到高压辊磨机，在每一台高压辊磨机的给矿皮带上安装有通过金属探测仪控制驱动的旁通系统的翻转闸板和自动称重仪。在共用的高压辊磨机缓冲矿仓的每一边安装有 4 台高压辊磨机，高压辊磨机的排矿直接落到两条高压辊磨机排矿的带式输送机（每条规格为 2438mm×480m）的一条上，然后各自转运到两条带式输送机（规格为 2438mm×271m 和 2438mm×333m）的一条上，再送到球磨机的缓冲矿仓，采用两条带卸料小车的带式输送机把高压辊磨机的排矿分配到混凝土制的球磨机缓冲矿仓中。

球磨机缓冲矿仓有 6 个单独的隔室，总的容积为 36000t。每个隔室专供一台球磨机给矿，每台球磨机的给矿来自于两台 3.66m×8.5m 双层湿式振动筛的筛下产品，这两台双层湿式振动筛安装于容积为 377m³ 混凝土砂泵池的顶部，砂泵池衬有可更换的橡胶衬。每台振动筛给矿通过一台 1829mm 带式给矿机转运到一台 2134mm 装有自动称重仪的给矿带式输送机上，然后给到湿式振动筛。振动筛的筛上产品用两条筛上产品皮带（分别为 1829mm×226m 和 1829mm×294m）中的一条输送到第三段破碎机缓冲矿仓的给矿带式输送机上，振动筛的筛下产品直接落到混凝土制的球磨机旋流器给矿泵池中，与球磨机排矿合并后采用一台750MCR型（760mm×660mm）变速泵（每台驱动功率为2611kW）送到旋流器组。每个旋流器组有16台ϕ840mm旋流器，有两个备用入口。旋流器底流给到一台ϕ8.2m×14.6m筒体支撑式球磨机，球磨机采用22000kW包绕式电机驱动。旋流器溢流自流到浮选作业，总共有6台球磨机和12台振动筛。

7.7 C2选矿厂设计要素

C2选矿厂设计的主要目标是达到日处理240000t矿石的能力，新的C2选矿厂的工艺设计与C1选矿厂的设计极其相似，碎磨工艺同样基于高压辊磨机的多段破碎工艺来生产球磨机给矿。然而，C2选矿厂的设计也有一些与C1选矿厂设计不同的地方，这些不同点是基于在C1选矿厂运行中遇到的问题涉及矿石条件、与更高的处理能力相关的经济规模，以及与C2选矿厂现场地形和基础条件有关的问题而提出的。

7.7.1 第二段破碎和筛分的拆分

C1和C2选矿厂设计中最重要的流程不同点是第二段破碎和预先筛分的分离。C1选矿厂设计的预先筛分直接与第二段破碎机相接，振动筛直接安装在第二段破碎机的上方，筛上产品直接给到破碎机。这种配置直接影响了给矿量的控制，造成破碎机难以挤满给矿。此外，这种布置造成安装的设备能力利用不足，如果一台设备不能运行或不能够满负荷运行时，其在设备无法进行补偿（任何一台振动筛不能把矿石给到任何一台破碎机）。

C2选矿厂设计把预先筛分和第二段破碎分离成为各自独立的厂房，增加两条带式输送机和两个矿仓及相应所需的支撑结构。在矿仓之间安装了8台振动筛，这种配置取决于破碎厂房带式输送机的跨度。分离后的第二段破碎机—振动筛布置使得如果一台或多台中碎破碎机停车时，所有的振动筛可以继续运行。同理，如果一台或多台振动筛停车时（可能稍微降低处理能力），所有的破碎机也能够继续运行。在某种程度上，任何一台破碎机能够给矿到任何一台振动筛，任何一台振动筛也能够给到任何一台破碎机，这就增加了运行和维护的灵活性。破碎机和振动筛分离后也使得中碎破碎机能够直接采用变速带式给矿机和带式输送机给矿系统给矿，在给矿机和破碎机之间的滞后时间与C1选矿厂振动筛安装在破碎机上方的现状相比大为减少，破碎机挤满给矿的潜力大为增加。

7.7.2 球磨机规格选择和技术

自从C1选矿厂投产以来，矿石储量增加极大。地质工作调查表明，将来的矿石比原始的矿石表现出更硬的矿石性质。C1 选矿厂磨矿回路设计的矿石平均邦德功指数是 15kW·h/t，将来的矿石的平均邦德功指数是 17kW·h/t。因此，C2 选矿厂的球磨机所需功率和磨机规格要相应地调整。设计的 $\phi8.2m \times 14.6m$ 球磨机运行的钢球充填率是 34%，转速率为 75%，功率输出为 20000kW，每台球磨机安装的包绕式电机功率为 22000kW。C1 选矿厂破碎和磨矿回路有 4 台中碎破碎机、4 台细碎破碎机（HPGR）和 4 台球磨机，每个破碎和磨矿系列阶段之间能力相等匹配为 30000t/d。C2 选矿厂采用了 8 台中碎破碎机和 8 台细碎破碎机，由于采用 C1 选矿厂设计 8 台球磨机的简单复制造成了经济和进度的影响，因而安装了 6 台更大规格的球磨机，每台能够处理 40000t/d，补偿了这种影响。缓冲矿仓也补偿了破碎和磨矿能力上的不匹配。

C1 和 C2 选矿厂都选择了简体支撑而非耳轴支撑的球磨机，这种选择是由于简体支撑式球磨机与耳轴支撑式球磨机相比具有更优惠的价格和交货进度。简体支撑的设计相比于耳轴支撑设计提供了更灵活的给矿口和排矿口，且水力坡度的要求更容易满足，耳轴支撑的磨机需要稍大一些的直径以维持通过磨机的相等的水力坡度。

2009 年，C1 选矿厂的一台球磨机在经过约两年的运行之后在给矿端磨机头部发现了一条裂纹，其根本原因是在磨机的装配期间，没有发现其中的夹杂物，局部的内部腐蚀可能加剧了裂纹的形成。采用焊接成功地修复了裂纹，此后磨机运行很好，C1 选矿厂的其他磨机再也没有出现类似的问题。

C2 选矿厂的球磨机设计通过修改高应力的骑缝环"T"形部分，降低了应力水平，减轻了这种裂纹再发生的可能性。在球磨机所有内表面采用了耐腐蚀漆，在漆过的内表面的顶部安装了粘合的橡胶衬，装配后采用所有关键焊缝相控阵无损检测进行验证。每台球磨机有 5 个能够放在一起运输的直径约 $\phi8.2m$ 的简形体，在现场对齐后采用自动焊接工艺焊接到一起。

7.7.3 带式输送系统设计

C2 选矿厂有 16 条主要皮带和 20 条小的皮带，总的皮带长度是 7.4km（带长 15.2km），总的安装功率为 31000kW，这些带式输送机系统是选矿厂的生命线，保证它们的可靠运行是极其重要的。C2 选矿厂带式输送系统的设计吸取了 C1 选矿厂带式输送系统运行的经验教训，在 2010～2014 年之间使得选矿厂的有效率高于 96%。

表 7-5 归纳了带式输送机设计的特点，对大多数的带式输送机驱动，选择绕线式转子感应电动机代替更昂贵、需要更复杂维护支持水平的变频驱动系统来提供所需的启动转矩。所有的主要皮带是钢芯皮带，安装有防撕裂探测装置，带式输送机的驱动系统基本上都位于地面上以便于维护。C2 选矿厂的 4 个带式输送机系统（8 条带式输送机）采用 2438mm（96in）宽的皮带以减轻峰值负荷条件，

表 7-5 C2 选矿厂带式输送机系统详细参数

带式输送机参数	粗矿石	粗矿石 取矿	中碎 排矿	HPGR 排矿	HPGR 产品	细碎破碎机 缓冲矿仓给矿	粗矿石 筛分筛上	球磨机 筛分筛上	HPGR 给矿	球磨机 筛分给矿
数量/台	2	2	2	2	2	2	2	2	8	12
水平长度/m	461	474	398	480	333	481	399	294	27	43
提升高度/m	92.8	71.9	37.6	57	8.7	34.4	18.9	5.6	0	7.1
设计能力（湿）/t·h⁻¹	8000	6800	11440	12950	12950	12950	5150	6190	3240	3640
带速/m·s⁻¹	4.02	4.07	4	4.07	4.03	3.99	3.24	3.25	1.25	1.45
CEMA 负荷/%	81	74	70	78	79	84	71	85	84	81
带宽/mm	1829	1829	2438	2438	2438	2438	1829	1829	2134	2134
皮带的型号①	ST-3150	ST-3150	ST-3150	ST-1000	ST-1000	ST-3150	ST-1800	ST-1800	4Ply-1750	4Ply-1750
皮带上/下厚度/mm	24×8	24×8	18×6	18×6	18×6	18×6	18×6	18×6	18×6	18×6
总带厚度/mm	39.4	39.4	31.4	31.4	27.5	31.4	28.8	28.8	32.6	32.6
驱动功率/kW	3×932	3×746	3×746	3×932	2×447	3×746	1×746	1×597	1×56	1×112
最大运行张力/N	795000	557000	567000	869000	333000	612000	301000	188000	85000	133000

①型号后面的数字为皮带张力，单位是 N/mm。

C1 选矿厂最大的带式输送机宽度是 2134mm（84in），皮带速度一般为 4m/s。16 条主要的带式输送机有 38 个驱动装置，其中 32 个驱动装置的备件分配在两个通用的规格之间可以互为通用。

表 7-6 列出了在 C1 和 C2 选矿厂缓冲矿仓分配矿石采用的方法，C1 选矿厂采用了卸料小车给中碎破碎机和球磨机给矿仓分配矿石，采用可移动分配箱给到两个往返式带式输送机来向细碎破碎机给矿仓给矿。C2 选矿厂利用两个单边卸料的卸料小车来向球磨机给矿仓给矿，采用伸缩头带式输送机来向其余的矿仓给矿。最合适的矿仓给料分配系统的选择取决于矿仓的几何形状和大小、皮带系统的整体布置、使破碎设施占地面积最小及运行和维护等因素。

表 7-6 C1 和 C2 选矿厂矿仓给矿布置

选厂	矿仓	技术说明	矿仓			皮带		
			长 /m	宽 /m	高 /m	输送距离 /m	输送能力 /t·h^{-1}	速度 /m·s^{-1}
C1 选矿厂	粗矿石筛分	—	—	—	—	—	—	—
	中碎给矿	两边卸料小车	32	8	9	27.85	11750	0.15
	细碎给矿	分配箱给到双伸缩皮带，每个伸缩头给两台高压辊磨机	64	8	17	63	12200	0.25
	球磨机给矿	两边卸料小车	70.8	17.2	18.5	63.8	12200	0.15
C2 选矿厂	粗矿石筛分	伸缩头（每个矿仓一台）	32	11.8	9	24	2×11440	0.45
	中碎给矿	伸缩头（共用矿仓两台）	40	11.7	9.8	35	2×5150	0.45
	细碎给矿	伸缩头（共用矿仓两台）	64	25.8	14.9	56	2×12950	0.45
	球磨机给矿	共用矿仓两台单边卸料小车	164.6	14.3	14.3	151.25	2×12950	0.45

球磨机给矿仓选择卸料小车是由于矿仓太长（151m），伸缩头带式输送机需要的外部支撑结构等于所给的矿仓长度，这个投资没有太多的意义，故选择采用卸料小车。选择伸缩头来对中碎破碎机给矿仓给矿，是因为采用卸料小车需要加宽矿仓的宽度和整个破碎厂房的占地面积。细碎的矿仓可以采用卸料小车或伸缩头。安装伸缩头带式输送机是由于其外部的伸缩头支撑结构可以很经济地通过现有的中碎矿仓结构支撑。粗矿石筛分缓冲矿仓可以采用卸料小车或者伸缩头带式输送机，因而选择了伸缩头带式输送机。所有的伸缩头带式输送机都采用可移动的结构密封，以利于更有效的控制粉尘。

影响中碎矿仓和粗矿石筛分矿仓伸缩头带式输送机选择的重要因素是 C1 选矿厂所经历的卸料小车溜槽磨损，特别是中碎矿仓卸料小车，其来料是粗碎机破碎排出的物料。伸缩头带式输送机消除了这个磨损。物料直接排到矿仓的中心，降低了由于矿仓料位对矿仓壁冲击的潜在可能。

7.7.4　与地形有关的配置

　　磨矿、浮选和尾矿浓缩之间的可用地形、基础条件及自流可能决定着 C1 和 C2 选矿厂的总体布置。C1 选矿厂的安装很好地利用了可用的位置和条件，C2 选矿厂的安装在地形上则困难得多，场地平整的挖方、填方数量以及设备基础的难度导致设备布置更分散。

　　单一的山顶能够用于 C1 选矿厂的场地，这就迫使采用极其紧凑的厂房布置。C1 选矿厂场地布置如图 7-4（破碎厂房）和图 7-5（磨矿和浮选）所示。中碎和细碎厂房并排布置，转运皮带利用合适角度的转运站连接破碎厂房。C1 选矿厂的其他部分也是非常紧凑，磨矿、浮选、再磨、精矿脱水和尾矿浓缩非常紧密地连接起来，其布置保持着在磨矿、浮选、再磨和尾矿浓缩之间是自流的。

图 7-4　C1 选矿厂的破碎回路

　　C2 选矿厂选择的场地包括由深谷隔开的几个小山头，这些山头要削平，深谷要填平以满足选矿厂设施所需的面积，工艺设备的位置要移动以助于平衡场地平整挖方和填方需要，中细碎和磨矿的位置也要调整以保证合适的基础条件，C2 选矿厂布置满足把中碎前筛分从中碎厂房分离出来。由于这些因素，C2 选矿厂的占地面积比 C1 选矿厂大得多（见图 7-6）。图 7-6 中 C1 和 C2 选矿厂布置为上下并排以同比例图示，每个方格为 500m×500m。

图 7-5   C1 选矿厂的磨矿、浮选和尾矿浓缩

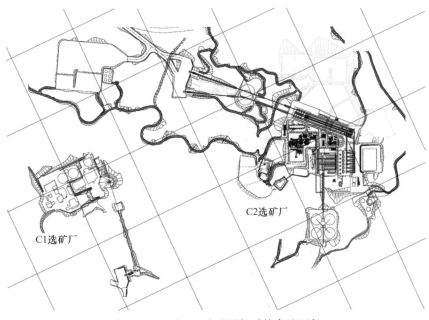

图 7-6   C1 和 C2 选矿厂相对的占地面积

(每个方格为 500m×500m)

图 7-7 所示为 C2 选矿厂布置的三维视图，破碎回路在粗碎、粗矿堆、中碎、细碎和粗矿石筛分设施之间呈直线形布置。在粗矿堆平台和中细碎平台之间有一个很大的高差，这是由于可用的地形和场地的约束所致。中碎和细碎设施呈直线但相邻，破碎机位于矿仓的两边外侧。中碎破碎机和细碎破碎机各自共用一个缓冲矿仓给矿到 8 台破碎机。两个单独的粗矿石筛分矿仓，每个给矿到安装在矿仓内侧的 4 台粗矿石振动筛，单独的粗矿石筛分矿仓是破碎和筛分设施之间分开的结果。外部的两条带式输送机分别是高压辊磨机排矿（前往粉矿仓）和中碎破碎机排矿（给到筛分厂房）。粗矿石取料带式输送机排到中碎破碎机排矿带式输送机的尾部，4 条内部的带式输送机使粗矿石筛分筛上产品和筛下产品转运返回到破碎设施，高压辊磨机排矿带式输送机采用提高的转运点直接排到粉矿仓。由于平台高差需要（C1 的粉矿仓和磨矿厂房毗连），粉矿仓和磨矿厂房必须稍微分开。磨矿厂房有 6 台球磨机，旋流器溢流自流给到浮选回路。浮选回路有 6 排粗选（每排有 9 台浮选机）和 2 排精选（每排 6 台浮选机），精矿和尾矿都是自流。在浮选平台和再磨回路平台之间有一个很大的高差，是由于地形造成的。再磨回路是在工艺设施较低的位置，安装了一个大的应急泵池以应对潜在的溢漏。精矿脱水、精矿储存和运输及选钼厂房位于再磨附近，但在更高的平台上。浮选柱（位置与再磨毗邻）的最终精矿必须泵送到精矿浓缩机。尾矿浓缩机必须采用一个 675m 长的混凝土和钢制尾矿溜槽与浮选回路分开，因为浓缩机要靠近浮选则必须要有一个非常大的开挖工程，很差的地质条件也迫使尾矿浓缩机要调整到其最终的位置。

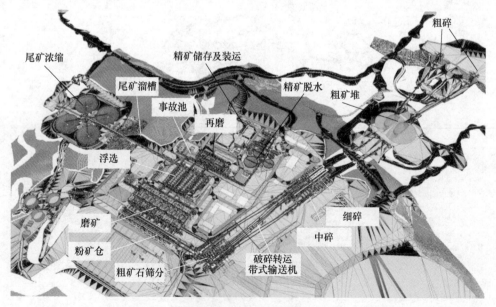

图 7-7 C2 选矿厂布置

图 7-8 是 C2 选矿厂破碎和带式输送机设施的照片，图 7-9 是 C2 选矿厂磨矿、浮选、再磨、精矿脱水和精矿储存设施的照片。

图 7-8　C2 选矿厂破碎、带式输送机和粉矿仓设施照片

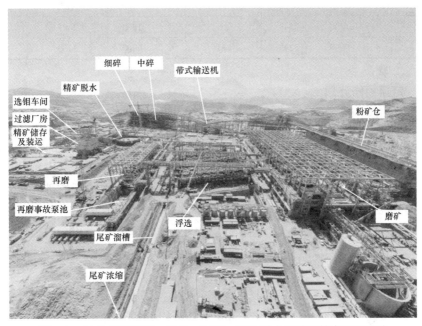

图 7-9　C2 选矿厂磨矿、浮选、再磨、精矿脱水和精矿储存设施照片

7.7.5　设计要素

C2 选矿厂的设计采用了与 C1 选矿厂设计的同样的设计要素，设计条件是正常运行目标条件的 1.11 倍，没有考虑将来扩建。

7.7.6　离散单元模拟——缓冲矿仓选择

C2 选矿厂再次采用了离散元素模拟来研究矿仓大小对处理能力的影响，根据计划的和非计划的停车维护时间资料（主要是根据实际的 C1 选矿厂性能）和设备运行特点，模拟结果表明矿仓大小可以从最初的基于 C1 选矿厂数据估计的规格上减小。但实际上，C2 选矿厂带式输送机系统布置使得中碎和细碎破碎机的给矿矿仓要比模拟结果要求的规格更大。实际的 C2 选矿厂矿仓规格和最大的停留时间见表 7-7，作为比较，C1 选矿厂矿仓规格数据也一并列出。

表 7-7　单个工艺系列的破碎和磨矿缓冲矿仓特性

缓冲矿仓	C1 选矿厂				C2 选矿厂			
	数量	容量 /t	标称能力 /t·h⁻¹	停留时间 /min	数量	容量 /t	标称能力 /t·h⁻¹	停留时间 /min
粗矿石筛分	—	—	—	—	8	650	2331	17
中碎	4	800	2528	19	8	700	927	45
细碎	4	1200	2349	31	8	1800	2697	40
粉矿仓	4	5000	2298	131	6	6000	3460	104

7.7.7　定期检修计划

C1 和 C2 选矿厂的定期检修计划必须要平衡设备部件寿命的要求、矿仓内衬及给矿机内衬的磨损周期。检修计划由于破碎和磨矿缓冲矿仓的配置变得复杂，涉及共用的矿仓给到多台的破碎或筛分设备，对单独的破碎或筛分设备故障进行维修时，必须仔细计划以避免矿仓料位升高和影响其他正在运行的破碎机、振动筛或球磨机的给矿。C2 选矿厂的布置和矿仓设计通过将破碎机的取料点放置在矿仓的两边，就是为了减轻这种互相影响的发生。改善有效容积，增加矿仓的宽度也是为了减轻这种互相影响的发生。但是无论如何，限制依然存在，必须通过维修计划来解决。

C1 和 C2 选矿厂检修计划涉及单个部件停车、部分或一半能力停车及整个选矿厂停车，其中每 21 天有效破碎时间必须停车检修的计划与中碎破碎机碗形瓦和主轴衬板有关。

C1 选矿厂计划的检修计划有三部分：

（1）湿式振动筛筛板检查和更换。每台球磨机给矿有两台振动筛，每台振动筛能够满足在短期内整个球磨机的给矿需要。8 台湿式振动筛的每一台每 30 天需要花费 3h 来更换筛板。

（2）选矿厂的一部分要在每 21 天花费 12h 停车，同时更换两台中碎破碎机的碗形瓦和主轴衬板。4 台中碎破碎机并排配置，每个周期中在矿仓的每一端相邻的两台中碎破碎机的衬板被更换，这种方法使得在维修进行期间其余运行的破碎机正常有效地给矿。两台中碎破碎机衬板的更换利用预先衬好的备用碗形瓦和头部总成，能够在 8h 内同时完成，在此期间，正常处理的其他活动是球磨机旋流器给矿泵的维护和给矿机皮带的更换。

（3）每三个月进行一次 48h 全厂停车。全厂停车主要关注的是缓冲矿仓衬板、带式输送机系统及带式输送机转运点的维护，尽量协调球磨机衬板在全厂停车期间更换。

C2 选矿厂定期检修计划遵循类似的方式，也是根据中碎破碎机衬板磨损周期。一个复杂的因素是从一个共用的矿仓向 8 台中碎破碎机供矿，以及在一个单独的筛分厂房中由两个矿仓向 8 台振动筛给矿。在共用中碎破碎机缓冲矿仓的每一边有 4 台中碎破碎机，直接相对的两台中碎破碎机同时进行衬板更换。

同样地，在单独的粗矿石筛分矿仓相对安装的两台振动筛安排同时维护，每个月定期进行 6 次 8~12h 的部分厂房停车来完成中碎破碎机衬板和粗矿石振动筛筛板更换。为更换中碎破碎机衬板的每次部分停车可能也涉及一台细碎破碎机和一台球磨机的停车以进行相关部件的维护，缓冲矿仓衬板、给矿机衬板和带式输送机系统维护将在定期的半年一次 80h 全厂停车期间完成。

各种设备部件的磨损周期和更换时间见表 7-8。

表 7-8　选矿厂设备磨损周期和更换时间

部　　件	磨损周期/d	更换时间/h
2.9m 旋回破碎机动锥衬板	60	8
旋回破碎机固定衬板	105	36
中碎破碎机碗形瓦和动锥衬板	21	8
干式振动筛筛板	42	6
干式振动筛	365	14
高压辊磨机辊胎	365	36
高压辊磨机漏斗	30	6
给矿机衬板	180	12~20
带式给矿机	90~180	12
带式输送机衬板	90~180	12

部　　件	磨损周期/d	更换时间/h
旋流器给矿泵吸入口/叶轮	84	10
旋流器给矿泵过流件	168	12
球磨机端衬	256	24
球磨机筒体衬	256	48
粗矿石筛分缓冲矿仓衬板	90	逐渐更换
中碎破碎机缓冲矿仓衬板	180	逐渐更换
细碎破碎机缓冲矿仓衬板	365	逐渐更换
粉矿仓衬板	5 年	逐渐更换

7.7.8　闭环冷却系统

闭环冷却系统安装在磨矿和破碎区域，以改进控制主要设备热负荷的可靠性。C1 选矿厂由于很差的水质造成了很大的麻烦，堵塞和弄脏单台的设备热交换器造成停车。闭环冷却系统采用洁净生活用水循环，对设备的热交换器是封闭的回路，新水开路流进冷却系统的热交换器，在磨矿和破碎区域安装有多余的热交换器。闭环冷却系统处理来自于选矿厂空气压缩机、球磨机包绕式电机和相关的循环转换器、球磨机轴承、高压辊磨机减速机和轴承，以及主要的变频水冷驱动的热负荷。

7.7.9　中心控制室

选矿厂中心控制室安装在一个与磨矿和浮选部分分离的单独设施内，为分配控制系统设备及控制室操作人员和工艺控制技术人员提供了一个更好的环境（降低了震动和粉尘）。

7.7.10　自动加球系统

安装了一个自动加球系统，钢球由自卸车运输，储存在两个 1200t 的混凝土球仓内。钢球通过旋转给球机取出给到一个高倾角口袋式输送机，再给到一条位于球磨机旋流器溢流平台上的带宽 610mm 水平带式输送机上。气动转换闸门直接把钢球导入专门的球磨机，钢球添加通过自动称重仪控制，正常每天总的钢球消耗为 170t。

7.7.11　衬板机械手

两台标称能力为 3500kg 的衬板机械手可以同时对两台球磨机更换衬板。球磨机采用双波衬板，以使衬板数量最小化。每台球磨机总计有 144 块筒体衬板和 72 块端衬，最大的筒体衬板重 3042kg。为使新、旧衬板和其他物品能从外部的存放区直接通过汽车或叉车运送到球磨机运行平台，在两者之间安装了一个桥。

7.7.12 湿式振动筛筛上产品在干式物料区的存放

设计的 C2 选矿厂带式输送机系统布置可以使潮湿的湿式振动筛筛上物料放置到干式的第二段振动筛筛下物料的上面，这部分物料给到高压辊磨机的缓冲矿仓。

C1 选矿厂带式输送系统布置情况刚好相反，湿式振动筛的筛上产品直接给到没有矿石裸露的高压辊磨机给矿带式输送机上，然后干的第二段振动筛筛下产品放置到湿式物料的上面。这种布置导致矿石携带和带式输送机清洗的问题，在 C2 选矿厂的带式输送机布置上解决了这种问题。

7.7.13 粉尘收集

有效的粉尘收集是 C2 选矿厂设计的首要任务。C1 选矿厂的粉尘收集是在带式输送机的转运点采用喷雾器，在高压辊磨机区域采用湿式除尘。喷雾器的效率和可操作性受到水质差的影响，湿式除尘器运行很好但需要非常好的维护。C2 选矿厂粉尘收集采用了卡式布袋收尘器和在带式输送机上雾化喷水相结合的方式，目标是使其达到最小 3.5% 的水分，而新矿石通常是 2.4% 的水分。在整个破碎、干式筛分和带式输送机区域总共安装了 34 个布袋收尘器。湿筛区域没有考虑收尘，因为该区域处理的物料是潮湿的，没有粉尘排放。粉尘收集系统是以所有的给矿机和带式输送机的转运点及干式筛分和破碎机排矿为目标，总共安装了 36 个矿仓的粉尘收集装置。所有的布袋收尘器利用卡式过滤器，所有的收尘器把收集的粉尘自动排放回到矿仓或带式输送机上。

7.7.14 磨矿地面溢溅管理

磨矿区域的地面在球磨机基础底座和旋流器给矿泵池之间有一个直达通道，大的装载机能够直接进入进行清理活动。每台旋流器给矿泵的标称流量是 10000m³/h，这就意味着磨矿的地面可能会出现大的和快速的溢溅，必须有可行的程序来控制这些溢溅。以前，在地面上安装了一串泵来清理这些溢溅，现在，大规模的选矿厂和设备产生的泄漏量能够淹没小的清理泵。C2 选矿厂将采用另一种溢溅管理方式，在磨矿地面上安装单一悬挂的潜水泵（150m³/h），可以排到两台球磨机旋流器给矿泵池，并且使小的溢溅脱水。在磨矿地面下安装了一条直径 1220mm 管线，可以使大的泄漏从磨矿地面送走。这条管线的入口位于不会淹及球磨机旋流器给矿泵池设备的水平上，出口连接到尾矿溜槽，流到磨矿地面的大量的泄漏会自流到尾矿溜槽。清理泵也能够直接泵送到自流管线，也有大量的清洗水以保证该1220mm管线处于干净状态。

7.7.15 桥式起重机

表7-9列出了在破碎和磨矿区域维修用起重机的特性，为中碎破碎机和细碎破碎机的维护安装了大型的龙门吊车，这样就取消了传统的桥式起重机所需的钢结构支撑。所有的矿仓结构安装有龙门吊，以利于维修这些矿仓的伸缩头和卸料小车等设备。在湿式振动筛—球磨机旋流器砂泵跨安装了两台起重机以便于同时检修。

表7-9 破碎和磨矿区域起重机的性能

安装位置	类 型	数量	能力/t	跨度/m
粗碎机	吊臂起重机	2	115	9.8
中碎破碎机	龙门吊	2	60/10	27.3
细碎破碎机	龙门吊-悬臂吊	2	120/10	33.8
粗矿石筛分	桥式起重机	1	20/15	30.6
球磨机磨矿跨	桥式起重机	1	155/10	29.3
球磨机砂泵/筛分跨	桥式起重机	2	75/15	22.8
球磨机旋流器跨	桥式起重机	1	20/5	19.1
中碎前缓冲矿仓	龙门吊	1	10	11.5
细碎前缓冲矿仓	龙门吊	1	20/5	25.8
粗矿石筛分前矿仓	龙门吊	2	20/5	9.8
粉矿仓	龙门吊-悬臂吊	1	20/5	28.2

7.8 结 论

C1选矿厂自2010年消除瓶颈完成之后，处理量一直120000t/d。这个结果是其所依据的设计参数和原理的反映，使其成功的主要因素是：

（1）高压辊磨工艺的选择和成功实施。已经证实，高压辊磨工艺与中-高硬度的Cerro Verde矿石适配很好。软的物料和黏土受到限制。规格为2.4m×1.65m的高压辊磨机选型是合适的，细碎的处理能力不存在瓶颈。为了平衡矿仓料位和维持所需的挤满给矿条件，以更好地促进运行性能和降低辊胎损坏，高压辊磨机的变速驱动是必要的。辊钉性能已经改善，高压辊磨机辊胎寿命达到约12个月，降低了维修压力，改善了经济效益。

（2）中碎和细碎的闭路筛分。由于处理条件的变化，已经通过改变第二段筛分（中碎前筛分）开孔规格，平衡了中碎和细碎回路负荷。此外，已经保护了高压辊磨机防止过大的游离金属通过。

（3）根据离散单元模拟选择缓冲矿仓规格。缓冲矿仓大小的选择是在投资和可操作性之间的一个不错的折中方案，选矿厂运行时间没有因为缓冲矿仓停留时间受到影响。

（4）采用湿式筛分。湿式振动筛的筛分效率超过了90%，如果筛分的水分控制合适，湿筛筛上产品水分可以达到4%或更低，湿式振动筛筛上产品的水分一般不会影响高压辊磨机的性能。

C1选矿厂工作人员已经具备了高水平的操作、维护计划和维护执行能力。从2011年，选矿厂的处理能力已经超过了120000t/d的设计目标，破碎和磨矿机械有效率超过了95%。在此期间，带式输送机系统有效率为96.8%，选矿厂带矿运行时间为92.5%。

C2选矿厂设计包括了所有的C1选矿厂性能成功的基本设计要素，C1选矿厂成为C2选矿厂设计的工业试验厂。C2选矿厂设计也包含了下列设计要素：

（1）中碎和中碎前筛分作业分开，中碎前筛分位于一个单独的筛分厂房。这就改善了操作和维护的灵活性，使得中碎破碎机始终处于挤满给矿状态，这种改变就是增加了2条带式输送机、2个缓冲矿仓及相应的支撑结构。

（2）安装了6台球磨机、8台中碎破碎机和8台细碎破碎机。C2选矿厂设计采用了与C1选矿厂同规格的中碎破碎机和细碎破碎机，但是利用规模效应采用了更大规格的球磨机。C2选矿厂球磨机选型也解决了将来矿石条件更硬的问题。C1选矿厂有4台球磨机，均匀地匹配着4个破碎系列的生产方式。

（3）带式输送机系统设计特征。8条带式输送机宽度已经增加到2438mm，以减少峰值负荷条件。在大部分的带式输送机上，采用绕线式转子电动机而不是变频驱动方式，以降低维修的复杂性。在几个缓冲矿仓的给料上，根据矿仓的宽度和卸料小车溜槽磨损的情况，选择伸缩头带式输送机而不是卸料小车给料。

（4）在破碎和磨矿工序采用了闭环冷却系统来处理主要设备的热负荷，以减轻在C1选矿厂所经历的水质差的新水导致的热交换器结垢和堵塞问题。

（5）在破碎和筛分设备、矿仓和带式输送机转运点的破碎和运输区域安装了带卡式过滤器的布袋收尘器（最初C1选矿厂收尘系统采用喷雾器，由于水质差，效果不好）。

参 考 文 献

[1] Vanderbeek J L, Gunson A J. Cerro Verde 240000T/D concentrator expansion [C]//Klein B, McLeod K, Roufail R, et al. International Semi-Autogenous Grinding and High Pressure Grinding Roll Technology 2015, Vancouver：CIM, 2015：97.

[2] Vanderbeek J L, Linde T B, Brack W S, et al. HPGR Implementation at Cerro Verde [C] // Department of mining Engineering University of British Columbia. SAG 2006, Vancouver, 2006: Ⅳ-45~61.

[3] Koski S, Vanderbeek J, Enriquez J. Cerro Verde concentrator—Four years operating HPGRs [C] // Department of Mining Engineering University of British Columbia, SAG 2011, Vancouver, 2011: 140.

8 Metcalf 选矿厂 HRC™ 3000 高压辊磨机的设计和运行

8.1 碎磨回路的设计

8.1.1 概述

Metcalf 选矿厂位于美国亚利桑那州的 Morenci 铜矿，于 2014 年 5 月开始运行，选厂设计平均处理能力 63500t/d(70000st/d)，投产后使 Morenci 铜矿选矿厂总的处理能力达到 113400t/d(125000st/d)。选矿厂所处理的矿石邦德功指数为 11.5~19kW·h/t，矿石硬度的 $A×b$ 值为 45~67。

Metcalf 碎磨流程主要是参照秘鲁的 Cerro Verde 铜矿的运行经验[1~3]。

Morenci 铜矿是一个斑岩铜矿床富集带，包含氧化矿、次生（浅成）和原生（深成）硫化物矿化。该铜矿中主要的氧化铜矿物是硅孔雀石，辉铜矿是最主要的浅成硫化铜矿物，黄铜矿是主要的深成硫化铜矿物。其他的次生铜矿物包括铜蓝、蓝辉铜矿和少量斑铜矿，也含有辉钼矿、酸溶钼及黄铁矿。

Morenci 铜矿位于美国亚利桑那州的东南，处于 Gila 河和 San Francisco 河交汇处的 Gila 山的南坡。1863 年，美国军方的侦察人员在 Morenci 西面的 Eagle Creek 发现了金。1872 年，来自于 Silver City 的勘探人员在 Copper Mountain 发现了铜，导致了大量的勘探人员和矿业公司占地划界。1873 年，由于没有铁路运输限制了当时的生产，都是在化铁炉中直接熔炼含 Cu 60% 的高品位氧化矿石，处理能力也仅为 1t/d。1880 年，在 Clifton 建成了一个铁路转运点，几个矿业公司开始开采运送含铜 20% 的矿石。

1881 年，Phelps Dodge 公司在当时的 Detroit 铜业公司投资了 50000 美元；到 1922 年，Phelps Dodge 合并统一了该区域的所有矿业公司。该区域的第一个铜选矿厂建成于 1886 年，到 1912 年，在该区域共有 7 个选矿厂和 4 个冶炼厂在运行。建成于 1906 年的 6 号选矿厂在 1916 年试验和安装了一个充气式浮选回路，在 1927 年增加了一个小型的溶剂萃取厂。在 1929 年股票市场崩盘后，所有的采矿活动停止了，结束了该区域地下开采的时代，直到 1937 年采用露采方法恢复开采。Morenci 冶炼厂和选矿厂建成于 1941 年，在 1942 年为支持战争需求把生产规模扩建了一倍。Metcalf 选矿厂于 1974 年建成。1987 年，Morenci 投产了堆浸—溶剂萃取—电解工艺（SX-EW）；到 1999 年，当其增加破碎—浸出设施、同时关闭 Metcalf 和 Morenci 选矿厂、开始矿山—浸出（mine for leach，MFL）工程时，使得 Morenci 铜矿成为世界上最大的堆浸处理矿山。2006 年，Morenci 选矿厂重新运行为其内部的硫化铜精矿浸出工艺提供原料，该工艺为氧化铜浸出厂生产酸。Freeport-McMoRan Inc.（FMI）在 2007 年 3 月收购 Phelps Dodge 公司。

8.1.2　项目的提出

2007 年中期，随着铜产量增加 25% 的要求，在资本、能源和其他运行成本不断上升，原矿品位降低可以由上涨的金属价格所补偿的环境下，FMI 开始进入大规模扩建时期。FMI 要求选择的碎磨工艺，对大型选矿厂来说能耗应比半自磨回路降低 50% 以上。在对可用的工艺评审之后，认为常规破碎回路和自磨回路使用的能耗最低。自磨回路虽曾有过重大的失败，但其非常低的运行成本很有吸引力，且 FMI 所属的 Bagdad 铜矿自磨机运行得很成功；但由于 2006 年后期其所属的 Cerro Verde 铜矿和 2007 年初其所属位于印度尼西亚的 PTFI 选矿厂采用高压辊磨机的成功运行及该工艺的稳定可靠性，还是选择了高压辊磨工艺。

在 20 世纪 70 年代中期之前，碎磨回路中破碎机、棒磨机及球磨机是最常用的，但破碎设备相对小的规格及处理能力限制了选矿厂的规模，大量的破碎机、带式输送机和振动筛等降低了选矿厂的有效利用率；在 70 年代后期，对半自磨回路的接受改变了人们的视野，成为了目前最常用的磨矿回路。半自磨回路简单、处理能力高、可操作性强，但其能量效率相对差、对矿石硬度高度敏感。因而，随着能源价格不断的增长，常规碎磨回路变得更有吸引力。

改进高处理能力破碎回路的一个选项是开发更大的设备，为此，FMI 策划了一个代号为 VLE（非常大的设备）的项目，联系了几个制造商，以探索在破碎、筛分、磨矿方面的方案。最初的开发目标是一台直径为 3m 的高压辊磨机，一台驱动功率为 1400kW 的圆锥破碎机，以及 2250kW 的立磨机。在这些设备选型的讨论过程中，美卓的 MP® 2500 和 VTM-3000 面世了。2009 年后期，美卓与 FMI 接洽，提出了高压辊磨机设计的创新概念，即现在的 HRC™3000，正在寻找开发这个设计的机会。当时美卓已有一台直径 0.8m、光面辊胎的 HRC™ 型高压辊磨机正在巴西运行中，建议 FMI 和美卓合作在其一个现场进行半工业试验研究。FMI 认识到这是一个重大的创新，除了提供更高的效率之外，还有望解决偏斜、放大和磨损问题。美卓同意制造一台 φ3m×2m 的 HRC™ 型高压辊磨机，其处理能力估计为 Cerro Verde 铜矿所用直径 2.4m 高压辊磨机的两倍。双方签订了合同，即开始建设 Morenci 半工业试验厂和设计制造 HRC™3000。

接下来的挑战是如何在不影响整体数十亿美元的巨型工程的前提下证实这个设备，因为很少有足够大的选矿厂规模以支持处理能力为 5000t/h 的演示设备。

全规模的展示其所有的内在风险是唯一可行的方法，双方配合很好，到 2011 年初，半工业试验厂在建设中，新选矿厂的项目界定研究已经完成，开始预可行性研究。预可行性研究在 2012 年初完成，大约同时，环境许可程序也完成，工程建设获得批准。FMI 决定加快项目进度，直接从预可行性研究进入到施工和详细设计，两者同时开始。图 8-1 所示为项目的计划进度和实际进度与行业平均进度比较。

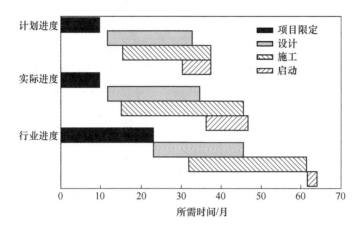

图 8-1　项目进度及比较

8.1.3　扩建工程内容

自 2011 年 2 月开始，FMI 同意由 Jacobs 工程公司承担 Morenci 扩建工程的预可行性研究，把硫化矿选矿扩建到 113400t/d。表 8-1 所列的最终 Morenci 扩建工程的范围包括要验证 VLE，特别是 HRC™3000 高压辊磨机的使用，并且评估与 Morenci 铜矿矿山储量相关的扩建潜力。

表 8-1　Metcalf 选矿厂子项（包括浮选和浓缩）

序号	内　　容
1	重新布置主矿堆、MFL 中间矿堆和取矿系统以给到新选厂
2	重新规划现有的 MFL 带式输送机以给到现有的破碎厂房
3	建设一个中碎和干式筛分厂房
4	建设一个远距离带式输送机到现有的 Metcalf 粉矿仓
5	修复完善现有的粉矿仓、给矿机、选矿厂厂房和起重机
6	在 Metcalf 选矿厂安装一台 HRC™3000 高压辊磨机
7	在 Metcalf 选矿厂安装湿式筛分给矿仓、湿式振动筛、带式输送机、球磨机回路

序号	内　容
8	建设浮选回路、药剂系统、精矿浓缩机
9	修复完善现有的尾矿浓缩机，安装新的尾矿管线输送系统
10	建设到 Morenci 选矿厂和选钼厂的精矿扬送系统
11	在 Morenci 选矿厂建设一个过滤厂房
12	修复完善供水系统和供电系统的基础设施

早期的流程包括开发和安装一台 MP® 2500 破碎机，后来，为了减小风险，决定只开发 HRC™ 3000 高压辊磨机和指定采用两台 MP® 1250 破碎机。值得注意的是，FMI 所属的 Safford 铜矿和 Cerro Verde 铜矿的圆锥破碎机都是从 MP® 1000 升级到 MP® 1250 的，且很成功。Metcalf 是第一个采用全部重新设计的 MP® 1250 圆锥破碎机。

Metcalf 选矿厂的碎磨流程中有一些独特的设计特点，包括 MP® 1250 的变速驱动、4.27m×8.53m FLS 双层香蕉筛（当时北美最大的）、一段磨矿回路旋流器给矿泵采用万向轴直接变速驱动及 HRC™ 3000 高压辊磨机。圆锥破碎机变速驱动的目的是控制破碎机的能力以维持挤满给矿条件。旋流器给矿泵设计非常成功，由于万向轴消除了在电动机和砂泵之间的调准要求，使得砂泵的更换时间减少了 4h。

在流程开发期间，半工业试验厂的工作也在进行中，关于工艺流程的许多决定必须做出并锁定，以保持在半工业试验结果出来之前的进度，这也是 Cerro Verde 的工艺流程在 Metcalf 设计中起着关键作用的主要原因。在很大程度上，一旦半工业试验结果可用，也就验证了 Metcalf 的工艺流程。

8.1.4　工艺流程描述

Metcalf 选矿厂是一个基于美卓的选矿优化控制系统（OCS），采用智能化 Fix32 人机界面和先进工艺控制全集成 Modicon PLC 系统控制的现代化选矿厂。

Metcalf 碎磨回路详见 8.1.8 节。设计处理能力 63500t/d，原矿通过 Fuller （FLS）152.4cm×226cm（60in×89in）旋回破碎机和美卓的 152.4cm×279.4cm （60in×110in）旋回破碎机破碎，然后由带式输送机送到有效容积为 24h 的粗矿堆。

来自粗矿堆的粒度小于 200mm 的矿石给到干式筛分之前的一个 450t 缓冲矿仓，然后给入两台 4.27m×8.53m Ludowici 双层香蕉型振动筛，下层筛孔为 45mm。筛上产品给到中碎前一个 450t 的缓冲矿仓，然后给入两台 MP® 1250 中碎破碎机，破碎后的矿石返回到干式筛分前的缓冲矿仓。干式筛分的筛下产品通过带式输送机输送到 1km 之外的 Metcalf 原有 28000t 干式储矿仓。干式储矿仓取出的矿石与湿式筛分的筛上产品合并后给到 HRC™3000 高压辊磨机之前的 450t 缓冲矿仓，然后给入容积 60t 的给矿漏斗，再进入 HRC™3000 $\phi3.0m \times 2.0m$ 高压辊磨机，该高压辊磨机由双变速电机驱动，每个电机的安装功率为 5700kW。高压辊磨机的排矿通过带式输送机送到一个 2250t 的缓冲矿仓，然后给到两台 4.27m×8.53m Ludowici 双层香蕉型湿式振动筛，下层筛孔为 8mm。湿式筛分的筛上产品给到一个 3600t 的缓冲矿仓，然后与来自干式矿仓的新给矿合并后给到 HRC™3000 型高压辊磨机。

湿式筛分的筛下产品给到两台平行的美卓 $\phi7.32m \times 12.2m$ 变速球磨机与 Krebs 的 gMAX33-H 旋流器组（每组 12 台旋流器）闭路的磨矿回路，旋流器溢流粒度为 $P_{80} = 200\mu m$。球磨机为双电机驱动，每台电机安装功率为 6500kW，小齿轮轴直接与感应电机连接，通过 13000kW 西门子交-交变频器变速驱动和谐波滤波器控制。小齿轮轴采用 Brunel 限扭联轴器保护。每台磨机有一台 2235kW 直接驱动的 millMAX UMD26×22-60 型旋流器变速给矿泵。

磨矿回路旋流器溢流自流到浮选回路，粗选为两排平行的 7 台 FLS 257m³ 短柱型浮选机。粗选精矿与浮选柱的扫选尾矿一起给到两台美卓 750kW 立磨机，立磨机与 gMAX15 旋流器组（每组 12 台）闭路，旋流器溢流粒度为 25% 大于 44μm。再磨后的旋流器溢流自流到一个 8 台 FLS 130m³ 的短柱型浮选机中进行第一次精选，然后给到 4 台 $\phi3.66m \times 14.02m$ 的浮选柱（两个平行回路，每个回路两台串联）中进行第二次精选，产出含铜 40% 的最终精矿。浮选柱的扫选精矿与第一次精选的精矿合并，尾矿返回到再磨。

生产的精矿高达 907t/d（1000st/d），给到 $\phi38.1m$ 的高效浓缩机，该浓缩机与可以作为澄清池或备用的第二台同规格的浓缩机串联。每台浓缩机的耙子机械扭矩为 99540kg·m。浓缩机底流从 Metcalf 选矿厂用泵扬送到 1.6km 外的 Morenci 选矿厂，采用两台 FLS-M1500 65 型自动压滤机过滤，精矿含水 9.5%，通过铁路外运。

选矿厂的最终尾矿自流到两台 FLS 的规格为 $\phi106.7m$ 高效浓缩机中，该规格高效浓缩机修复完善后的中心驱动耙扭矩为 829530kg·m，浓缩后的底流浓度为 54%，与 Morenci 的尾矿合并后自流到尾矿库。

8.1.5　半工业试验厂

图 8-2 所示为半工业试验厂流程，采用了直径 750mm、辊长为 400mm，辊钉辊面的 HRC™ 型高压辊磨机。半工业试验厂的目的是验证 HRC™ 型高压辊磨机的机械和选矿性能，以及测试不同的回路配置，总共完成了 114 个样品运行。这些数据非常有助于证实 HRC™3000 的设计指标，也提振了设计和运行团队的信心。

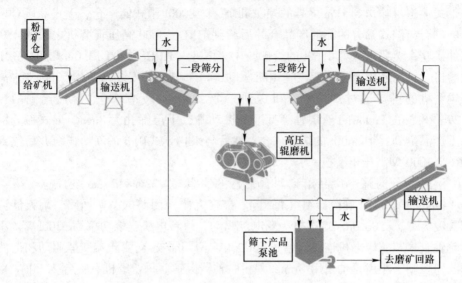

图 8-2　半工业试验厂的流程

半工业试验厂最有价值的结果是磨损和机械设计测试。除了一系列的专利辊钉成分和设计之外，还测试了一系列的凸缘、边缘块设计及耐磨保护系统。早期设计许多有价值的机械方面的教训包括：正确的主轴和辊胎过盈配合和角度、主缸连杆联接的设计、稳定缸内压力的测定。耐磨系统测试显著地改变了边缘保护设计（边缘块以及开发了采用分段方式可替换的边缘块）、凸缘及其耐磨系统的设计、颊板的设计。半工业试验厂的工作以及美卓对运行和设计方案的投入，对 HRC™3000 的成功至关重要。

8.1.6　投资和运行成本

Metcalf 选矿厂项目的投资为 19.6 亿美元，其中包括尾矿设施 2.49 亿美元，用于改善 Morenci 镇的条件 5100 万美元，增加采矿设备 4200 万美元。

Metcalf 选矿厂运行成本从 2014 年 5 月到 2015 年 5 月平均为 6.36 美元/t，详见表 8-2。随着选矿厂达产和维护事项的解决，运行成本会接近预可行性研究估计的 4.50 美元/t，随着维修活动的稳定最终会达到预期。

表 8-2　Metcalf 运行成本　　　　　　　　　　　　　　　（美元/t）

成本要素	第一年生产	2015 年 5 月	设计预期
人工	0.69	0.74	0.65
动力	0.77	0.60	0.63
磨矿介质	0.73	0.49	0.58

成本要素	第一年生产	2015 年 5 月	设计预期
衬板	0.45	0.39	0.39
药剂	0.42	0.85	0.50
外部服务	1.26	0.76	0.30
粗碎分配	0.38	0.31	0.30
供应及其他	1.51	1.05	0.95
总　计	6.21	5.18	4.30

8.1.7　模拟和设计

8.1.7.1　球磨功指数

在 2009 年和 2010 年，根据地质学家对将来的矿石类型预测，采用邦德球磨功指数对西部铜坑的钻孔岩芯进行了矿石特性测试。根据图 8-3 中达到 90 个百分位的硬度范围，设计采用的球磨功指数为 16.5kW·h/t。对正常的磨机给矿硬度选择的平均球磨功指数为 14.5kW·h/t。

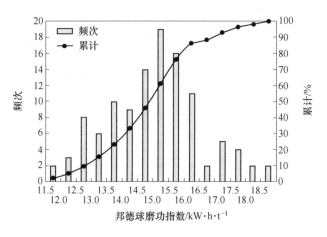

图 8-3　西部铜坑钻孔岩芯球磨功指数频率分布

8.1.7.2　美卓 HRC™ 测试（巴西）试验结果

2011 年 5 月 9 日至 6 月 11 日，美卓巴西公司采用 5 个样品（见表 8-3）在位于圣保罗的 Sorocaba 进行了一个综合的破碎机、HRC™、落重和球磨机的矿石特性试验，以预测未来 20 年将要磨矿处理的典型物料。

表 8-3　Morenci 可磨性试验样品

序号	说　明
1	西部铜坑
2	花岗岩和二长岩
3	西部铜坑
4	旧的花岗斑岩
5	球磨机给矿（不确定的）

试验的目的是要证实矿石的可磨性能和设计破碎流程的 HRC™ 型高压辊磨机的性能，对每个样品进行了下列的实验室试验：

（1）两个邦德功指数。

（2）一个落重试验（DWT）。

（3）美卓破碎性试验。

（4）采用 HRC™ 型 300mm×150mm 型高压辊磨机及辊钉辊面进行 9 个试验：

1）在不同比挤压力（含水 5%）下进行 4 个单一的通过试验：$1.0N/mm^2$、$2.5N/mm^2$、$4.5N/mm^2$、$6.5N/mm^2$。

2）在含水 0% 和 $4N/mm^2$ 的比挤压力下单一的通过试验。

3）在含水 3% 和 $4N/mm^2$ 的比挤压力下单一的通过试验。

4）采用 3.35mm 筛孔进行 3 个循环的闭路试验。

对所有样品采用闭路筛孔为 212μm 进行标准的邦德球磨功指数试验，样品准备采用常规的辊式破碎机进行。邦德功指数试验结果见表 8-4。

表 8-4　样品邦德功指数试验结果

样品	磨矿细度 /μm	F_{80}/mm	P_{80}/mm	每转产生 合格产品量/g	BW_i /kW·h·t^{-1}
1	212	2.45	0.18	2.08	14.20
2	212	2.68	0.17	1.60	17.20
3	212	2.65	0.17	2.07	14.20
4	212	2.96	0.17	1.73	15.90
5	212	2.74	0.17	2.04	14.10
平均值		2.70	0.17	1.90	15.12
标准偏差		0.18	0	0.22	1.38
最小值		2.45	0.17	1.60	14.10
最大值		2.96	0.18	2.08	17.20

根据选矿特性和在 Morenci 以前的经验，设计采用 P_{80} 为 0.18mm，5 个样品的平均邦德功指数为 15.1kW·h/t。

根据 JKTech 开发的程序对样品 1~4 进行了落重试验，以便与 HRC^{TM} 的结果进行比较，用于估算半自磨机的规格。落重试验结果见表 8-5，结果表明 Morenci 矿石样品在中软和中硬之间变化。

表 8-5 美卓（巴西）公司的落重试验结果

样品	A	b	$A×b$	ta	密度/t·m^{-3}	类别
1	70.2	0.79	55.5	0.39	2.63	中
2	68.3	0.66	45.1	0.48	2.57	中硬
3	67.2	1.00	67.2	0.80	2.59	中软
4	65.9	0.82	54.0	0.61	2.61	中
平均值	67.9	0.82	55.45	0.57	2.60	
标准偏差	1.82	0.14	9.079	0.178	0.026	
最小值	65.9	0.66	45.1	0.39	2.57	
最大值	70.2	1.00	67.2	0.80	2.63	

实验室的 HRC^{TM}3000 高压辊磨机由美卓设计和制造，采用两个直径300mm×150mm 的辊胎，每一个辊胎采用两个 15kW 的变速电机独立驱动，辊胎的线速度为 0.2~0.8m/s，比挤压力能够在 1.0~8.0N/mm^2 之间变化，比能量输入正常范围为 1.0~4.0kW·h/t。

图 8-4 给出了 Morenci 矿样在 5% 水分下试验的结果，对截取的给矿样 1~4，在试验的比挤压力范围内，比处理能力平均为 275t/(m^3·h)。对序号 5 球磨机给矿样，由于细粒的存在，比处理能力显著地高。

图 8-5 所示为比能量输入与比挤压力的试验结果，表明两者之间为线性关系。比能量输入在 0.5~3.0kW·h/t 之间，比挤压力在 1.0~7.0N/mm^2 之间，相关很好。驱动电机所需总的比能量输入包括效率损失，预期是在 1.7~2.3kW·h/t 之间，比挤压力在 3.0~4.5N/mm^2 之间。随着比挤压力的增加，相关的产品粒度降低。然而，比挤压力超过 4.5N/mm^2 时，产生的粒度降低微不足道。

8.1.7.3 破碎机、HRC^{TM}型高压辊磨机和球磨机特性

在 Metcalf 选矿厂设计的评估中利用的主要工具之一是群体平衡模型（PBM），该模型由 Hulburt 和 Katz 开发用于广义的颗粒系统，之后由 Herbst 和 Fuerstenau 修改成目前的形式用于碎磨回路。在给定的粒度间隔内，物料的破碎

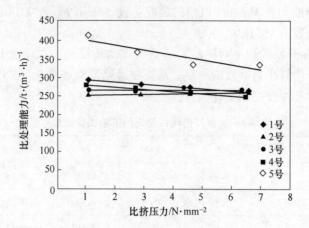

图 8-4　美卓实验室 HRC™ 比处理能力与比挤压力试验结果

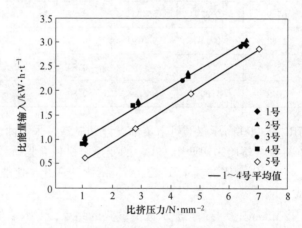

图 8-5　HRC™ 比能量输入与比挤压力试验结果

能量比率（选择函数）定义为单位能量输入下该粒级破碎的物料质量。二阶对数多项式选择函数方程描述如下：

$$S_i^E = S_1^E \times \exp\left[\zeta_1 \left(\ln \frac{\overline{d}_i}{\overline{d}_{\mathrm{ref}}} \right) + \zeta_2 \left(\ln \frac{\overline{d}_i}{\overline{d}_{\mathrm{ref}}} \right)^2 \right] \tag{8-1}$$

式中　S_i^E——粒度间隔 i 的能量比率选择函数；

$\overline{d}_{\mathrm{ref}}$——参考粒度间隔的几何平均粒度；

$\overline{d}_i$——粒度间隔 i 的几何平均粒度。

二阶选择函数方程的系数 S_1^E、ζ_1、ζ_2 是从矿石特性试验和选矿厂审计数据中估算的。

下面所述的累计破碎分布函数 B_{ij} 假设是所试验物料的固有属性，且以下三角阵列的形式代表着每个亲代颗粒粒度碎裂所产生的子颗粒的粒度分布。B_{ij} 定义了从父代粒级 j 破碎的物料累计分数，通过子代粒级 i，且 $i>j$。规范化破碎函数以方程形式描述如下：

$$B_{ij} = \alpha_1 \left(\frac{d_i}{d_{j+1}} \right)^{\alpha_2} + (1 - \alpha_1) \left(\frac{d_i}{d_{j+1}} \right)^{\alpha_3} \tag{8-2}$$

式中 α_1，α_2，α_3——根据实验室矿石特性试验估算的系数。

根据物料的硬度，对不同的矿石类型，选择函数 S_i^E 是可以变化的，提供的破碎函数是相等的。

根据 Cerro Verde 铜矿碎磨回路数据和在 Morenci 半工业试验厂利用美卓 ProSim 软件的 PBM 工具所做的工作，提出了 Metcalf 碎磨回路模型。FMI 在美卓位于 Colorado Springs 的实验室进行了矿样试验，以确定每种物料的破碎函数。表 8-6 和图 8-6 所示为从 Cerro Verde 铜矿和 Morenci 铜矿的物料得到的落重破碎函数的比较，表明它们是相似的。

表 8-6   破碎函数系数

系　　数	Cerro Verde	Morenci
α_1	0.258	0.236
α_2	0.619	0.593
α_3	4.102	3.168

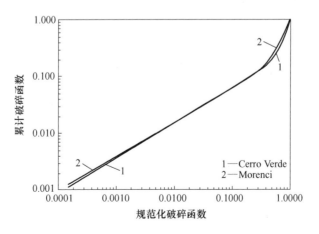

图 8-6 Cerro Verde 和 Morenci 的破碎函数比较

为了使新的 Metcalf 回路接近于 PBM 参数，采用在 2009 年完成的 Cerro Verde 铜矿碎磨审计数据作为设计的基础，假定对给定的每台设备如破碎机、高压辊磨机或者球磨机，选择函数（ζ_1 和 ζ_2）的形状与冲击能量的范围相关，并且每个粒级接受的能量在相似的设备之间是可比的。粒级中颗粒将要破碎的速率由物料的固有硬度确定，也就是说，假定两个选矿厂的 ζ_1 和 ζ_2 是相似的，S_1^E 值能够根据从 Cerro Verde 到 Metcalf 的矿石固有硬度的差别变化，两个选矿厂不必有相同的破碎函数，只需要准确地知道破碎函数就可以估算颗粒的破碎程度。

采用每个选矿厂的邦德功指数作为固有硬度的简单度量：Cerro Verde 作为第一选矿厂，其邦德功指数 $BW_i = 15.7\text{kW} \cdot \text{h/t}$；Metcalf 作为第二选矿厂，其邦德功指数 $BW_i = 14.5\text{kW} \cdot \text{h/t}$。Metcalf 选矿厂选择函数参数的估算是根据 Cerro Verde 完成的审计结果计算的；对 Metcalf 每台设备调整的选择函数 S_1^E，利用邦德功指数的比值乘以从第一选矿厂的 S_1^E 来估算，公式如下：

$$S_{i,2}^E = S_{i,1}^E \frac{BW_{i1}}{BW_{i2}} \tag{8-3}$$

式中　$S_{i,1}^E$——第一选矿厂（Cerro Verde）的选择函数参数；

　　　$S_{i,2}^E$——第二选矿厂（Metcalf）的选择函数参数；

　　　BW_{i1}——第一选矿厂的邦德功指数；

　　　BW_{i2}——第二选矿厂的邦德功指数。

8.1.7.4 模型和回路设计

对 Metcalf 选矿厂在 $BW_i = 14.5\text{kW} \cdot \text{h/t}$ 下采用的最终 PBM 调整后的选择函数见表 8-7，给出了选矿厂模型中采用的 S_1^E 值、参数 ζ_1 和 ζ_2。图形比较如图 8-7 所示，突出了每种类型设备的选择函数范围，清楚地比较了在破碎机、高压辊磨机和球磨机之间作为粒级函数的效率范围。

表 8-7　调整后的选择函数参数

调整后参数	粗碎破碎机	中碎破碎机	HRC 高压辊磨机	球磨机
$S_1^E / \text{t} \cdot (\text{kW} \cdot \text{h})^{-1}$	1.408	1.351	1.45	2.55
ζ_1	4.879	1.528	0.13	0.108
ζ_2	0	0	0	-0.1

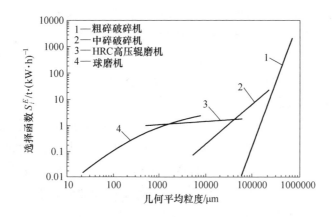

图 8-7　Metcalf 群体平衡模型（PBM）选择函数比较

8.1.8　流程考虑和选择

早期的范围界定研究确认有足够的水量、粗碎能力及矿石储量能够支持 63500t/d 的扩建。此外，研究还表明最低的成本方案是利用旧的 Metcalf 选矿厂来容纳新的磨矿和浮选设施；粉矿仓和尾矿浓缩机需要翻修，采用新的机械结构以适应 63500t/d 选矿厂。以前的 Metcalf 破碎机用于 MFL 浸出设施的给矿，因而需要新的中碎或顽石破碎厂房。

为了与 VLE 要求保持一致以降低投资和增加效率，范围界定研究考虑了半自磨工艺与高压辊磨工艺方案。对更简单的半自磨机回路，其运行功率和钢耗高于标准的高压辊磨机回路，尽管高压辊磨机回路由于物料的输送有更高的附加负荷，但仍最终决定选择高压辊磨机。HRC™3000 高压辊磨机很适合于流程，且可以达到 63500t/d 的处理能力。早期的流程也包含单台 MP® 2500 破碎机的开发和安装，然而，决定还是着重于 HRC™3000 高压辊磨机的开发，选择了两台 MP® 1250 破碎机。

对 Metcalf 的 HRC™ 型高压辊磨机回路考虑了两个方案：第一个方案是在 HRC™3000 之后采用筛分作业，类似于 Cerro Verde 的回路给矿到球磨机；第二个方案是在 HRC™3000 之前采用筛分作业。第二个方案改善了 HRC™3000 的效率，节省大约 0.25kW·h/t，遗憾的是该方案需要输送和提升增加的循环负荷，其增加的附加能耗抵消了 HRC™3000 回路的能量节省；该方案由于额外增加的湿式筛分和物料输送，投资估计高出 1000 万美元。

考虑的其他因素包括矿仓内物料流动和水量平衡。尽管 Cerro Verde 的回路相对很少有问题，但湿式筛分的筛上产品和干式筛分的筛下产品的合并导致溜槽出现了问题。在 Metcalf 的情况下，在粉矿仓上还有空间增加带式输送机，有可能把这些物料分开。然而，为了减少离析，在给到 HRC™3000 之前，至少要增加一个转运溜槽将这些物料混合。此外，在第二个方案中，中碎后筛分作业的筛下产品湿筛需要约 20% 的额外水量，使得球磨机回路旋流器给水控制更复杂了。因此，最终的方案比较倾向于第一个方案。

球磨机也考虑了两个方案：单台 φ8.84m×14.94m 球磨机，采用 26000kW 包绕式电机驱动；两台 φ7.32m×12.20m 球磨机，每台驱动功率 13000kW，采用双小齿轮驱动方案。方案比较后，一台 φ8.84m 球磨机在 Metcalf 选矿厂厂房内太宽容纳不下，需新建厂房，而两台直径 7.32m 球磨机则合适。然而，由于工程地质和土建需要，在低于 Metcalf 粉矿仓基础之下安全开挖以安装球磨机基础的费用和风险太高，故把球磨机置于紧靠 Metcalf 厂房的单独厂房内。

一台 φ8.84m 包绕式电机驱动的球磨机的安装费用为 400 多万美元。此外，两台 φ7.32m×12.20m 球磨机现场交付，第一台交付时间为 55 周，第二台为 70 周，而一台 φ8.84m 球磨机的交付时间为 65~70 周；φ7.32m 球磨机的运输加上安装时间较 φ8.8m 球磨机少 8 周，因此 Metcalf 选矿厂选择了两台 φ7.32m 的双小齿轮驱动的球磨机。

根据以前经验预计的设备维护特性，FMI 采用美卓 ProSim 软件 V2.2.1.9 版模拟了流程，碎磨流程的处理能力和预期的资产效率（定义为可用的利用时间）见表 8-8。图 8-8 则为 Metcalf 的 63500t/d 选矿厂在邦德功指数 14.5kW·h/t 下的动态模拟的碎磨流程。

表 8-8 设备资产效率和处理能力

设备 (63500t/d)	资产效率/%	处理能力/t·h⁻¹
旋回破碎机和中间矿堆	72	3675
中碎破碎机[①]	85	3384
HRC+71%循环负荷[②]	92	4918
球磨机	92	2876

①保证球磨机一天的连续运行必须供应至少 85% 的矿量。

②根据最初美卓 ProSim 模型估计的。

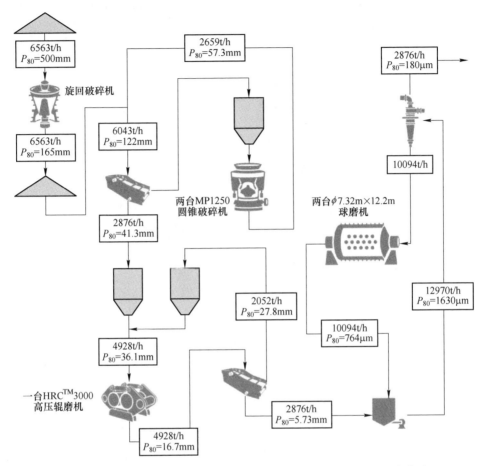

图 8-8 2013 年 6 月 28 日美卓 ProSim 软件模拟的 Metcalf 63500t/d 选矿厂
在邦德功指数 14.5kW·h/t 下的碎磨流程[2]

8.2 HRC^{TM}3000 的设计和制造

8.2.1 HRC^{TM}型高压辊磨机的基本概念

HRC^{TM}型高压辊磨机的初始概念[2]开始于已经成为专利的拱形架，为了消除由偏斜导致的停车时间，由拱形架机械吸收不平衡的负荷。偏斜是辊胎轴由于不均匀的给矿分布所造成的不能保持平行的状况。对于 HRC^{TM}型高压辊磨机，拱形架的两边被装配成锁住的基础架，在框架顶部的液压缸施加破碎力，由于旋转拱形架的机械优点，液压缸只需要施加辊胎所需压力的约一半。这是基于胡桃钳的原理，利用机械杠杆原理来倍增破碎力。图 8-9 所示为 HRC™型高压辊磨机的模型和主要部件。

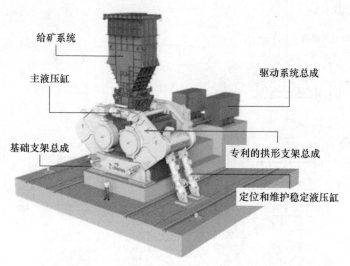

图 8-9 HRC™3000 高压辊磨机的模型和主要部件

除拱形架消除了由偏斜引起的停车时间之外，这个特点也使得可以采用凸缘辊胎设计。在这个设计中，一个辊胎装有一套凸缘，凸缘用螺栓固定到辊胎的两边，如图 8-10 所示。设计的凸缘用来抵消边缘效应，边缘效应是传统的高压辊磨机存在的问题，其粉碎作用在辊胎的边缘减弱。由于凸缘固定于辊胎上，凸缘与矿石同方向和同速度运动，因而把物料拖进破碎区；这是与传统的颊板配置相反的，传统的颊板是静止安装在辊胎的边缘附近。图 8-11 所示为传统的颊板配置与带凸缘的 HRC™型高压辊磨机相比较。

图 8-10 HRC™3000 高压辊磨机带凸缘和无凸缘的辊胎装配

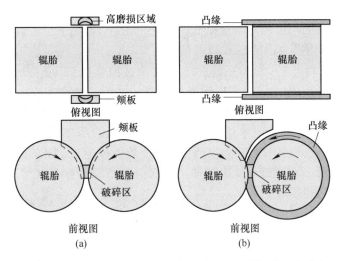

图 8-11 带颊板的传统高压辊磨机(a)与带凸缘的 HRC^{TM}型高压辊磨机(b)比较

Metso 在实验室的高压辊磨机上进行了一系列的试验,在高压辊磨机的辊胎中装有压力传感器。如图 8-12 所示,当采用传统的颊板运行时,边缘的压力比中心的压力低得多,这与辊胎宽度上产生更粗产品的区域相对应;相反,当安装上凸缘时,观察到在辊胎的整个宽度上压力更加一致,表明辊胎的整个宽度都会更好地破碎。

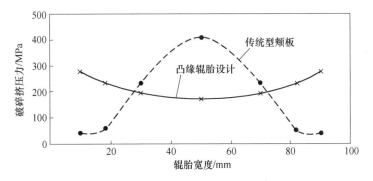

图 8-12 有凸缘和无凸缘的实验室设备辊胎长度上的压力分布

重要的是当破碎矿石时,对给定的矿石有一个最佳的压力。低于这个压力值,会影响破碎;而高于这个最佳压力,会使能效降低。因此,在整个辊胎宽度上保持一致的压力是最重要的,这样才能够保证最佳压力施加到整层的物料上。在传统的颊板设计情况下,系统的总压力通常要提高以增加在辊胎边缘破碎的量,然而,这也导致了在辊胎的中心施加了更高的压力,造成了能量的浪费和增加了辊胎中心位置额外的磨损。此外，在采用颊板设计选择辊钉硬度和成分时，还需要考虑更高的局部压力以避免辊钉碎裂，这个试验结果给了设计团队在半工业规模的设备上继续采用凸缘设计的信心。

在 Morenci 的半工业试验厂共进行了 12 个过程考查，以更好地了解凸缘的辊胎设计是如何影响 HRC^{TM}型高压辊磨机回路的性能。这些考查，随着边缘效应试验系列的确定，表明在所有的条件和压力下，凸缘使得在整个辊胎的宽度上清晰地提供了更多的破碎，并且相对于传统带颊板的高压辊磨机设计，增加了 HRC^{TM}型高压辊磨机的处理能力。凸缘设计平均降低了 13.5% 的回路比能耗和约 24% 的循环负荷，而比处理能力增加了 19%。这些效益在 HRC^{TM}3000 高压辊磨机回路运行之后也都观察到了。

8.2.2　半工业试验

半工业试验有三个主要目的：一是试验 HRC^{TM}型高压辊磨机的设计，特别是拱形架、凸缘及辊胎磨损表面；二是通过目标试验更好地了解回路性能；三是给选矿厂的人员一种运行和维护高压辊磨机回路的经历。

半工业试验厂包括一台 $\phi750mm \times 400mm$ 的 HRC^{TM}型高压辊磨机、一台第一段湿筛和一台第二段湿筛。第一段湿筛和第二段湿筛的筛上产品给到 HRC^{TM}型高压辊磨机，第一段湿筛和第二段湿筛的筛下产品转送到下游工艺。试验厂的能力随着回路的配置方式而变化，但在大多数情况下，都能够处理 50~70t/h。在半工业试验期间，共运行了 11950h，处理了超过 667000t 矿石。由于试验在 2013 年完成，这个试验厂现在继续用于生产运行。

8.2.3　试验厂 HRC^{TM}型高压辊磨机的给矿难点

HRC^{TM}型高压辊磨机给矿的 F_{80} 变化很大，从 11mm 到大于 16mm。此外，过大的游离金属和过大颗粒的矿石常常进入辊磨机，这在选矿厂开始运行期间很普遍。为解决这个问题，在第一段湿筛和高压辊磨机之间安装了一台格筛。

根据考查结果，约 3% 的 HRC^{TM}型高压辊磨机给矿大于 16mm，测得的运行间隙为 15~19mm，比运行间隙还大的物料占有这样的比例，对高压辊磨机来说是一个挑战。这增加了辊胎表面磨损载荷点的量，继而增加了辊胎磨损的量和辊钉断裂的机会。相比之下，HRC^{TM}3000 高压辊磨机预期的运行间隙为 100mm 左右，最大给矿粒度为 50mm。

试验厂遇到的另一个挑战是离析的给矿给到 HRC^{TM}型高压辊磨机，由于回路的配置问题，干而且粗的第一段筛分的排矿给到了辊胎的驱动端，而更湿更细的物料送到了辊胎的非驱动端。给矿布置能够从图 8-13 中看到。一般情况下，离析的和过大的给矿对高压辊磨机是不理想的，这个条件下的机械试验给设计团队在放大工业设备时更大的信心，因为它显示了机器的坚固性。

图 8-13 试验厂的给矿布置

8.2.4 试验厂机械试验和重新设计

整体的 HRC™ 型高压辊磨机设备在试验厂试验的重点是辊胎、边缘保护和凸缘，在试验厂安装的第一套辊胎有四种不同的辊钉型号以试验多种碳化物成分。很明显，辊钉越硬，耐磨寿命越好。

为了清楚辊钉硬度的限度，模拟了作用在工业设备上的力，HRC™ 型高压辊磨机在达到 $8N/mm^2$ 的高挤压力下进行试验。在更高的挤压力下运行并且给入了比间隙还大的给矿粒度，所有的辊钉仍然完好。试验的最硬辊钉 HV10（维氏硬度）的硬度值超过了 1550，能够经受破碎作用而没有碎裂。

如前面所讨论的，凸缘增加了在辊胎边缘的挤压力，使得颗粒碎裂最大化。这个增加的挤压力，有利于压缩过程，但也使得边缘保护的设计更具挑战性。试验厂的辊胎边缘保护在能够经受高压之前通过了多次的重复设计。在第一套边缘保护上，碳化物几乎立刻碎裂，毁坏了边缘防护和辊胎的边缘。

为了使试验厂尽可能快地恢复运行，把现有的辊胎边缘加工，在钢体中植入碳化物边缘块，使其用螺栓固定到辊胎上。采用这种设计，即使碳化物边缘块被损坏，也能够在最短时间内更换。试验了一系列不同的边缘块设计，发现了一个既可靠又有很好的耐磨寿命的方案，图 8-14 所示为设计重复的渐进过程。螺栓固定边缘块设计使用得极其好，最终这个设计被融入了 HRC™ 3000 高压辊磨机的辊胎设计中。

图 8-14　试验厂边缘块设计的渐进过程

　　尽管试验厂的凸缘有几个机械问题，为了保证它们的寿命能和辊钉及边缘块一样长，设计团队重点改进了其耐磨寿命。试验了程度不同的各种不同型号的耐磨材料，最终，在采用非常高的耐磨性能的碳化物植入凸缘之后，凸缘的寿命得到了极大的改进。图 8-15 所示为凸缘设计的渐进过程。

图 8-15　试验厂凸缘设计的渐进过程

　　在试验厂运行了 12 个月之后，在维护期间液压缸损坏了。在更换后，又遇到了快速疲劳失效，导致了对液压缸设计和高压辊磨机负荷条件的深度研究。在广泛地分析材料性能、制造工序、变形测量仪读数和操作条件后，细化了主要的缸体设计规范以适应所有的操作模式和缸体负荷。HRC™型高压辊磨机设计的其他方面也在试验厂进行了试验，液压系统、颊板设计、液压缸稳定系统和轴承等都进行了试验，发现在这个规格下运行得非常成功。这次综合试验也使得具体的计算和设计得到了验证，例如，辊胎适配试验确认了从主轴上拆卸辊胎所需要的液压系统压力的设计计算。类似地，只要闸板设置在超过设备的啮合角之上，一系列改变控制闸门开口的试验证实了开口大小不会影响设备的性能。这些试验证实了设计的整体概念是成熟的，也使得当需要时可以进行改进和调整。

8.2.5　设计和制造

　　HRC™3000 高压辊磨机是世界上目前运行最大的高压辊磨机，且首次在大型高压辊磨机上采用凸缘，辊胎直径为 3m、宽度为 2m，总的安装功率为 11400kW。根据其比处理能力为 300t/(m^3·h)，这台设备的破碎能力为 5400t/h。HRC™3000 高压辊磨机的技术说明见表 8-9。

表 8-9 HRC™3000 高压辊磨机的技术说明

参 数	数 值
辊胎规格($D \times L$)/m×m	3.0×2.0
安装功率/kW	2×5700
辊子转速/r/min	5.73~21.01（正常 19.1）（正常值的 30%~110%）
工作压力/N·mm⁻²	4.5（最大）

8.2.5.1 设计

HRC™3000 高压辊磨机的最初设计是一个特别的挑战，不只因为是新的概念，也因为其设备规格，设备总重超过 900t，从基础底座到漏斗顶部高达 15.2m，由于部件的绝对尺寸，制造和运输的限度都需要考虑。例如，单是拱形架的一边重约 75t，大的部件在许多不同的国家制造，包括韩国、中国、德国、荷兰、芬兰、美国和加拿大。由于主要部件的总体规模，从这些地方横跨地球的物流运输是极其重要的，安装和维护也需要在项目的设计阶段尽早考虑。HRC™3000 高压辊磨机的能力大约是前述（见 8.1.2 节）运行中最大的 ϕ2.4m 高压辊磨机能力的两倍，当按比例放大一个比设计原型大 50 倍的设备时会发生什么事情时是未知的。为了保证拱形架的设计合理，在 HRC™3000 高压辊磨机最终设计之前进行了一系列的结构分析。结构分析的制约和负荷假定都在试验厂通过有限元分析（FEA）与在各种运行条件下测得的应力值进行了比较，然后这些数据用来调整 HRC™3000 高压辊磨机的有限元模型。同样的应力值也在 HRC™3000 高压辊磨机启动时进行了试验，以验证有限元的分析，实际的应力值全都在可接受的范围之内。

新的设备消除了传统高压辊磨机设计关注的一些问题，确实引入了新的设计理念。例如，在旋转拱形架/辊胎总成、静止防尘密封及给矿溜槽之间的界面需要仔细设计，最终的方案包括可移动和可调节衬板都可以随着稳定缸的位置移动。"浮动"的颊板可以与拱形架同弧旋转，保证物料刚好从辊胎啮合角的上方直接进入破碎腔。

8.2.5.2 液压系统和游离物旁路系统

为了减少高压辊磨机安装所需的附加基础设施，开发了一个游离金属旁通系统——能够转移物料的旁路溜槽。

HRC™3000 高压辊磨机旁路系统探测到给矿中的不可破碎物体，而后顺序地开大辊胎之间的间隙使其到旁通必需的宽度，系统允许不可破碎物体能通过间隙。在排矿带式输送机上的金属探测器确定当不可破碎物体已经通过间隙时，然后，HRC™3000 高压辊磨机开始按常规程序启动。

游离金属旁通系统要求：把辊胎之间间隙打开到 253mm（10in）的宽度的时间至多 10s，这种快速反应和产生高油流量导致了独特的液压系统设计，采用了再生式液压回路。再生回路利用了破碎过程中的势能，把高压油从主缸的一侧转移到另一侧，只需要增加一个泵来补充液压缸两边的体积差。

HRC™3000 高压辊磨机的液压系统不仅能控制破碎力和游离金属旁通，而且能够对 HRC™3000 高压辊磨机的所有液压部件进行控制，包括控制闸门、稳定缸、主缸、刹车、主缸杆润滑和油冷却/调节回路。由于这种设计的关键性和独特性，引入了第三方的供货商进入项目以帮助实现所需的液压控制策略。

稳定缸是另一个独特的设计特征，原始 HRC™ 型高压辊磨机设计中没有稳定缸。然而，根据 FMI 运行的经验及所关注的给矿与辊胎的中心线调准的问题，在 HRC™ 型高压辊磨机的最终设计中加入了稳定缸。由于 HRC™ 型高压辊磨机配置的独特的几何结构，运行间隙的中心线能够与给矿的中心线保持对准，与间隙的宽度或辊胎直径无关。设计的运行公差定义为最大允许辊胎中心线偏离 ±5mm。运行后，公差一直维持在低于 ±1.5mm。

8.2.5.3 维修考虑

为了易于维护和保证部件的安全更换，设备设计考虑的其他方面包括：

（1）减速机转矩臂总成取消了与基础相连的连杆臂。

（2）用于在辊胎更换期间收回减速机总成的减速机小车依附到基础上，以保证减速机是安全的。

（3）设计的减速机与主轴连接，降低了这些部件的连接和拆卸时间。

（4）开发的托架系统能够使连接拱形架和底架的销子在维护期间不用手工即可滑进和滑出。

（5）设计了一套专门的线束系统，以保证在辊胎更换和液压缸维护期间的液压缸安全。

（6）开发了一个单独的运送工具在辊胎更换期间来旋转拱形架和辊胎总成进/出底架。

8.2.6 安装

HRC™3000 高压辊磨机于 2013 年 9 月在 Metcalf 选矿厂开始安装，制造商也派出了安装团队和现场服务监理，可以使得 HRC™ 型高压辊磨机的设计团队和安装团队之间非常密切的联系合作。

高压辊磨机的安装阶段需要考虑大型部件的尺寸，把主轴从放置场地运送到 Metcalf 的厂房内，需要现场人员配合安排使用能移动 97t 重部件的卡车及提升主轴用的吊车。

安装过程包括验证主轴和辊胎的配合，这对设备的运行是很关键的，因而要仔细考虑。主轴和辊胎采用 3D 激光测距仪测量尺寸，测得的实际尺寸在 0.02mm 的误差之内。然后，辊胎涂蓝后重新检查配合和安装到主轴上。对主轴承的安装，主轴承上的锥形面和主轴也采用 3D 激光测距仪进行检查以确认尺寸。

HRC™3000 高压辊磨机需要重要的基础设施来支持它，如图 8-16 所示。在很多情况下，在钢结构和设备之间的实际尺寸都不同于最初的设计。在一些情况下，补救不是简单的方法。例如，当安装液压缸时，在钢结构件之间的空间不足以像原来计划的那样来安装液压缸时，必须设计另外一个固定的提升装置来将液压缸移动到位。此外，必须仔细考虑维护时的安全通道和大部件的操控，在钢结构塔的内部安装了一台 20t 的龙门吊来操控漏斗和给矿导板。同时，采用一个 0.5t 的机械臂在维护时来操控搬运边缘块和凸缘块。

图 8-16　HRC™3000 高压辊磨机的钢结构塔

类似地，为了减小建筑物的规格和降低现场管道的量，电动机安装在钢结构上，使得液压系统能够配置在电动机平台的下面。传统上，这种规格的电动机都直接安装到混凝土基础上，因此需要特别仔细以保证结构设计合适。当安装电动机的底板时，发现地脚"太软"，且超出了可接受的限度。由第三方顾问来审查结构，最后建议增加了支撑和焊接件来加强结构。

专门设计了一个运输工具用来安装和移动 270t 的拱形架/主轴/辊胎总成到底架上，如图 8-17 所示。运送工具在现场组装，并且当在开始安装期间把拱形架/辊胎总成安装到设备上时是第一次试验，组装这个运送工具花费了 14 周的时间。在拱形架的安装期间，认定液压缸的行程要把拱形架送到位置上还需要加长 75mm 才能动作合适，运送工具按照设计工作且能够调整两个辊胎的中心线在 1mm 之内。

图 8-17 用于辊胎移动和安装的 Morenci 运送工具

8.3 试车、运行及改进

8.3.1 试车

在漏斗装到高度的 60% 且闸门全打开时，试图初始启动，结果造成辊胎全负荷，导致限制转矩的联轴器脱开，这说明了启动程序和闸门控制利用的重要性。

修改了自动启动程序后，融入了在给矿总成中当漏斗料位达到之后利用闸门控制逐渐增加给矿的程序。通过综合控制闸门，当给矿首先啮合时设备顺利启动。控制闸门是 HRC™3000 高压辊磨机设计的原始部分，根据以前的经验，FMI 不相信这种闸门是可靠的。然而，自从设备试车运行以来，这些闸门工作没有任何异常，已经成为设备功能性的一部分。此外，用于缓冲压力峰值的蓄能器中的氮气压力降低了，后来在液压缸上安装了一个更大的蓄能器以保证平稳启动。

2014 年 5 月 11 日，HRC™3000 高压辊磨机开始第一次破碎矿石，随后进行了几个附加的测试，同时装满湿式筛分作业的给矿仓，直到 2014 年 5 月 21 日第一台西门子球磨机驱动装置成功试车首次产出铜精矿。

启动很顺利，然而，有几块边缘块、凸缘及减速机故障。供货厂商反应迅速，他们与 FMI 紧密合作快速找出解决方案，使停车时间最短。表 8-10 列出了每个事件的时间线。图 8-18 为辊胎与各种部件和故障的照片。

表 8-10　HRC™3000 高压辊磨机的主要停车事件

时　间	事　件	停车时间/h
2014 年 6 月 20 日	凸缘和非凸缘辊胎边缘段弯曲故障	54
2014 年 7 月 23 日	安装第二代凸缘和非凸缘辊胎边缘块和刮板	72
2014 年 7 月 27 日	凸缘螺栓故障，更换凸缘螺栓	56
2014 年 8 月 16 日	非凸缘辊胎减速机故障，采用备用的更换	118
2014 年 9 月 3 日	非凸缘辊胎减速机故障，全部改造和用 8 月 16 日更换的减速机更换	265
2014 年 10 月 6 日	非凸缘辊胎减速机疑似故障，用 9 月 3 日改造的减速机更换	49
2014 年 10 月 30 日	非凸缘辊胎减速机故障，全部改造和用 10 月 6 日更换的减速机更换	44
2014 年 11 月 18 日	用内部设计的预加载输入轴承安装在 10 月 30 日重新改造的减速机上更换非凸缘辊胎减速机	51
2015 年 1 月 28 日	由于非驱动端非凸缘辊胎边缘段的致命故障，更换非驱动端非凸缘边缘块和非驱动端凸缘	53
2015 年 2 月 10 日	用最终设计的输入轴承总成更换非凸缘辊胎减速机	62
2015 年 4 月 14 日	更换非凸缘辊胎边缘块和驱动端凸缘	66

图 8-18　辊胎总成与涉及的主要事件的照片

在首次破碎的几天之内发生的第一个问题是在第一代非凸缘辊胎上边缘段上大部分黏结的碳化钨边缘保护衬脱落。当时并没有认为是一个主要问题，认为边缘保护衬脱落的原因是边缘段弯曲。2014 年 6 月 20 日，高压辊磨机停车 54h 更换弯曲故障的第一代凸缘辊胎和非凸缘辊胎的边缘段。这些问题在作为放大基础的半工业试验厂没有经历过，有限元分析（FEA）表明，在半工业试验厂，凸缘和边缘块支撑结构（段）都是由同样的 A36 钢制作的，强度不是足够大。此外，在非凸缘辊胎边缘块上的用于边缘保护衬的槽口在边缘段上产生了非常高的应力，必须去掉。2014 年 7 月 23 日停车 72h，更换安装了采用高合金钢装配的新的第二代凸缘和边缘块段，其强度分别为 A36 钢的 3~5 倍。

此外，还安装了应变计来验证计算结果和受力情况。应变计程序显示，在辊胎和凸缘之间的夹角处有矿石填塞（见图 8-18 中的"刮板"），是在凸缘上受力高于预期的根本原因。在半工业试验中也观察到了填塞，但没有产生后果。后来设计的第三代凸缘可以承受填塞情况下的受力，但也安装了能够清除填塞的刮板作为保险。事实上填塞只是在辊胎的非驱动端发生，这是由于湿的细粒离析到非驱动端造成的。在安装第二代凸缘的几天内，螺栓开始断裂，这些 12 级螺栓有缺陷，采用不同厂家生产的 12 级螺栓替换了。

2014 年 8 月 16 日，非凸缘辊胎减速机输入轴上的外置轴承故障，检查显示轴承架由于滚子的振动疲劳而断裂，导致轴承套圈和滚子故障（见图 8-19）。第一台减速机用仓库备件更换，在减速机重新修复之前导致了长时间的停车。在减速机上安装了一系列的检测仪表，进行了一系列的测试，没有找到造成轴承架失效的准确条件。通过原因分析，认为在输入轴上的配套圆锥滚子轴承没有载荷，从而导致随机疲劳引发的轴承架故障。问题的解决方案是预加载推力轴承，在某种程度上实际是由凸缘辊胎减速机外置主轴输入轴承支持的，该轴承与非凸缘辊胎反向转动，在这个轴承上保持一个自然的预载荷，没有出现故障或损坏的信号。

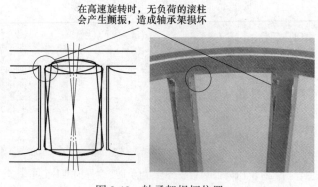

图 8-19 轴承架损坏位置

西门子提供了一个临时解决办法，在 2014 年 11 月 18 日安装，采用弹簧对圆锥滚子轴承预加载。临时的解决办法比原来减速机的运行时间增加了 3 倍，在 2015 年 2 月 10 日采用最终的解决方案替换之后没有出现轴承架冲击损坏的现象，最终的解决方案是把外侧轴承分成一个黄铜轴承架的弹簧预加载推力轴承和一个轴向轴承。输入主轴的长度也改变了，以允许增加环境检测仪表。

2015 年 1 月中旬，几个边缘段由于疲劳开始脱落，随后的有限元分析和疲劳分析表明，可以允许任何辊胎上的凸缘或边缘块使用的更大的螺栓随着边缘的磨损超过了边缘段的疲劳强度。第三代边缘段减小了螺栓的规格，添加了边缘保护辊钉，类似于凸缘的带辊钉表面，这些已经在 2015 年 7 月安装。

8.3.2　提产达产

选矿厂运行之后的提产达产过程采用了 McNulty 的评价曲线，通过图 8-20 中的系列 1~4 所定义的提产过程概况来评定选矿厂在启动达产期间的性能。

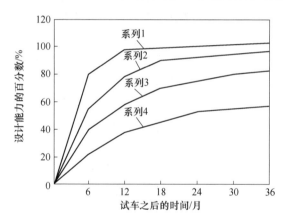

图 8-20　McNulty 与设计给矿能力比较的系列曲线

McNulty 曲线提升达产系列的基本原理：

（1）系列 1 为成熟的技术。

（2）系列 2 是根据单元运行规格或用途，有一个或多个是原型。

（3）系列 3 工程、设计和施工快速进行或给矿特性没有完全掌握。

（4）系列 4 设备规格小，以减少投资、工艺流程复杂或对工艺过程不了解。

Metcalf 选矿厂的实际情况与 McNulty 曲线对比：

（1）半工业试验厂显著地减轻了对 HRC™3000 高压辊磨机在新技术上的风险。

（2）FMI 没有进行完整的可行性研究就推动项目快速进行。

（3）FMI 规定了主要设备的规格和能力，减轻了负面影响，使得快速推进的项目有一个典型的启动。

（4）对现有选矿厂的质量平衡没有清楚的认识，只是在实验室的基础上，没有露天矿的地质冶金学模型，具备系列 3 的风险。

（5）选择了一个适应矿石变化（只要采矿不遇到大量的黏土带）的可靠破碎工艺，而不是自磨/半自磨工艺可以对此进行补偿。

除了 HRC™3000 高压辊磨机之外，启动过程存在的问题主要与设备的可用性和新选矿厂的运行经验相关，带式输送机运行问题很小。中碎破碎机和矿石离析问题与转运点不均匀排矿造成的带式输送机调直问题相关。MP® 1250 破碎机超过了设计能力。

遇到的电器问题是球磨机双小齿轮变速直接驱动的同步问题，在正常运行之前，需要重新编程和调整。在调整阶段，转矩限定联轴器保护驱动系统数次免受损坏。谐波电子滤波器的过热和由于基础设施和雷击造成的电力系统故障导致过停车。

尾矿浓缩机运行很好，但仪表和控制问题导致压耙，在调整之前造成了重大的停车事故。底流输送溜槽也有沉槽和溢溅，将用管路代替。

启动时，一些管路必须重新设计以满足由于球磨机给矿标高变化而造成的高速矿浆流量，不合适的专用旋流器给矿隔离阀升级，旋流器的橡胶衬采用陶瓷衬替换以改善其使用寿命，调整球磨机排矿端的磁力弧以改善钢球碎屑的清除、旋流器和给矿砂泵的寿命，重新设计和替换了球磨机给矿配置和钢球添加溜槽。

球磨机的湿式振动筛高磨损仍然是一个问题，重新设计了湿式振动筛的给矿箱，提高了磨损寿命。

自从 2014 年 5 月 21 日首次产出铜精矿后，一年之内选矿厂的性能与 McNulty 经典的启动曲线系列 1 比较结果如图 8-21 所示。

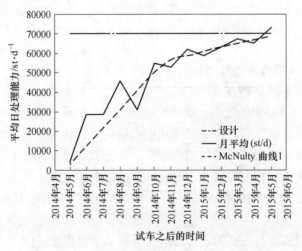

图 8-21　Metcalf 选矿厂的提产过程与 McNulty 曲线 1 比较

(1st = 0.907t)

平均运行的处理能力如图 8-22 所示，在试车之后大约 9 个月就超过了设计能力。然而，总的选矿厂资产效率由于球磨机湿式筛分作业给矿箱的磨损问题造成的停车时间，在一年之后仍未达到 92% 的设计要求。

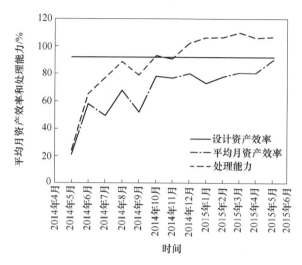

图 8-22　月平均的资产效率和运行处理能力

8.3.3　比能耗

表 8-11 为估算的和实际的碎磨回路比能耗（SE）之间的详细比较，包含了相关的带式输送机和筛分的运行负荷。由于中碎和 HRC™3000 两个回路的产品都比预期的更细，使得比能耗降低了 25%~34%。由于处理能力低于目标值，球磨机回路比能耗比最初估算值高了 10%。随着湿式筛分的筛孔从当前的 8mm 进一步减小，高压辊磨机的循环负荷会增加，回路的比能耗相应增加。随着选矿厂处理能力的增加，球磨机的比能耗会下降，碎磨回路总的比能耗比设计值要低。

表 8-11　估算的和实际的设备比能耗

设　　备		估算的		实际的[①]		SE 偏差 /%
		需要功率 /kW	SE /kW·h·t^{-1}	需要功率 /kW	SE /kW·h·t^{-1}	
中碎 回路	中碎破碎机	1488	0.517	942	0.372	-28.0
	干式振动筛	132	0.046	11	0.004	-90.8
	带式输送机	1192	0.415	893	0.353	-14.9
	中碎回路总计	2812	0.978	1845	0.730	-25.4

设 备		估算的		实际的①		SE 偏差 /%
		需要功率 /kW	SE /kW·h·t⁻¹	需要功率 /kW	SE /kW·h·t⁻¹	
HRC™ 3000 回路	HRC™3000	8873	3.085	4683	1.852	−40.0
	湿式振动筛	132	0.046	8	0.003	−93.1
	带式输送机	1904	0.662	1664	0.658	−0.6
	HRC™型回路总计	10908	3.793	6355	2.513	−33.8
球磨机 回路	球磨机	24052	8.363	24759	9.790	17.1
	CF 砂泵	3730	1.297	2046	0.809	−37.6
	磨矿回路总计	27782	9.660	26805	10.598	9.7
	碎磨回路总计	41502	14.430	35005	13.841	−4.1

①实际的数据是 2015 年 2~5 月测得的功率和新给矿量。

8.3.4 HRC™3000 高压辊磨机

图 8-23 所示为 HRC™3000 高压辊磨机启动的日处理能力、可利用率等曲线，瞬时平均处理能力很早出现，但如前面提产过程所讨论的，可利用率是主要的制约。图 8-24 和图 8-25 所示为高压辊磨机其他的运行启动趋势，运行趋势是相对稳定的。HRC™3000 高压辊磨机运行数据统计见表 8-12。

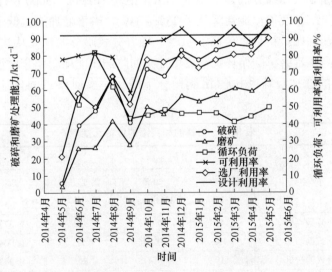

图 8-23 HRC™3000 高压辊磨机日处理能力、循环负荷、可利用率和月利用率曲线

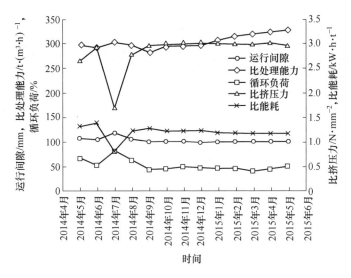

图 8-24 高压辊磨机运行性能曲线

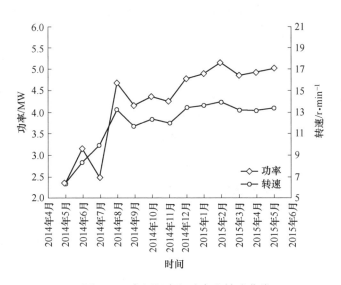

图 8-25 高压辊磨机功率和转速曲线

表 8-12 HRC™3000 高压辊磨机运行数据统计

运行参数	单位	设计值	实际值 （2014 年 9 月~2015 年 1 月）	实际值 （2015 年 1~5 月）
给矿导向间距	mm	300~500	375	425
比处理能力	t/（m³·h）	275	295	320
比挤压力	N/mm²	4.0	3.0	3.0
比能耗	kW·h/t	1.8	1.24	1.18

运行参数	单位	设计值	实际值 （2014 年 9 月~2015 年 1 月）	实际值 （2015 年 1~5 月）
比能耗①	kW·h/t	1.8	1.43	1.30
循环负荷	%	71	40~50	40~50
运行间隙	mm	90~110	100	100
筛孔	mm	10.0	8.0	8.0

① 根据半工业试验回归模型预计，见式（8-4）。

对半工业试验厂的运行数据分析得到了比能耗（SE）与比挤压力（SF）和比处理能力（ST）相关的多元线性回归方程：

$$SE = 2.166 - 0.00518ST + 0.265SF \tag{8-4}$$

实际上，$HRC^{TM}3000$ 高压辊磨机的比能耗比半工业试验厂低约 10%，一定程度上是由于放大效应。表 8-12 中给出的给矿导向间距（给矿导向板是引导给矿穿过运行间隙的两块平行的装有陶瓷衬的板）对比处理能力和比能耗有影响。间距最初设置为 300mm，但固定导向板就位的螺栓强度不够，导向板滑动导致开口更大。少量地调整之后使导向板不再滑动，把导向间距设置为 375mm，导致了比处理能力增大，比能耗降低。在 2015 年 1 月该间距增加到 425mm，在循环负荷没有显著变化的情况下观察到了同样的效果，这就意味着破碎程度没有变化。

$HRC^{TM}3000$ 高压辊磨机辊胎在破碎了超过 2500 万吨（包括循环负荷）矿石、运行了 7000h 之后，辊钉磨损约 5mm。给矿离析问题造成辊胎在驱动端比非驱动端磨损更快，因为在驱动端自生耐磨层很差，这就导致了驱动端的一些辊钉失效会降低辊胎寿命。

8.3.5 高压辊磨机回路考察结果

Metcalf 选矿厂投产之后，为了确认 $HRC^{TM}3000$ 高压辊磨机的运行性能，在 2016 年 3 月到 2017 年 6 月共 14.5 个月的时间内，对高压辊磨机回路共进行了 7 次取样考察，考察安排见表 8-13。考察结果见表 8-14，净比能耗结果见表8-15，啮合角与挤压力角见表 8-16。

表 8-13　高压辊磨机回路取样考察安排

时间	2016 年 3 月 18 日	2016 年 3 月 31 日	2016 年 4 月 13 日	2016 年 10 月 27 日	2017 年 2 月 2 日	2017 年 5 月 18 日	2017 年 6 月 1 日
参数目标	考察 1（S1）	考察 2（S2）	考察 3（S3）	考察 4（S4）	考察 5（S5）	考察 6（S6）	考察 7（S7）
比压缩力 /N·mm⁻²	3.0	3.0	2.5	3.5	4.0	3.5	4.0

表8-14 HRC™3000 高压辊磨机回路考察结果

考察编号		S1		S2		S3		S4		S5		S6		S7	
矿 流		干矿 /t·h⁻¹	P₈₀ /mm	干矿 /t·h⁻¹	P₈₀ /mm	干矿 /t·h⁻¹	P₈₀ /mm	干矿 /t·h⁻¹	P₈₀ /mm	干矿 /t·h⁻¹	P₈₀ /mm	干矿 /t·h⁻¹	P₈₀ /mm	干矿 /t·h⁻¹	P₈₀ /mm
	新给矿	3627	24.4	3453	25.4	3487	25.2	3335	26.1	4071	23.8	4091	27	3982	28.1
	HRC给矿	5399	21.9	5462	23.7	5351	23.6	4748	23.9	5402	22.7	5640	25	5341	26.7
	HRC产品	5399	10	5462	11.9	5351	12.5	4748	9.4	5402	9.3	5640	10.4	5341	10.5
	湿筛筛上产品	1787	17.8	1844	21.5	1892	21.6	1405	20.1	1383	19.5	1508	21.7	1409	23.7
	湿筛筛下产品	3610	4.7	3457	3.9	3452	4.2	3429	3.1	3990	4.5	4043	4.5	3851	4.6
循环负荷/%		49.3		53.4		54.2		42.1		34.0		36.9		35.4	
破碎比 (RR_{80})		2.2		2.0		1.9		2.5		2.4		2.4		2.5	
湿式筛分 D_{50C}/mm		7.6		7.3		7.6		7.1		8.6		8.6		9.1	
	样品长度/m	1.5		3.1		2.9		2.4		3.2		2.3		2.3	
	筛分效率/%	82.7		89.0		89.4		88.6		91.4		90.9		91.4	
	排矿中小于8mm/%	74		71		69		76		76		74		74	
HRC™3000	功率①/kW	5107		5485		4226		5616		7554		6319		7604	
	测得运行间隙②/mm	114		108		114		98		94		103		93	
	补偿后运行间隙②/mm	129		125		129		117		114		121		113	
	转速/r·min⁻¹	15.9		17.3		15.8		15.3		17.9		17.5		17.6	
	比压缩力/N·mm⁻²	2.99		3.00		2.49		3.53		4.11		3.56		4.06	
	HRC给矿比能耗①/kW·h·t⁻¹	0.95		1.00		0.79		1.18		1.40		1.12		1.42	
	新给矿比能耗①/kW·h·t⁻¹	1.41		1.59		1.22		1.64		1.89		1.56		1.97	

①功率和能耗是指净值（减去电动机和减速机的损失，不包括辅助设备），给出的矿流量是指干矿。

②测得的间隙是根据辊磨辊胎磨损模型得到（一个计算的接近或大于固体分数大于1的密度（即在间隙处固体分数大于1）；补偿的间隙值是采用磨损模型确定的，且产生的饼密度是在层充填无填充试验中确定的（这里补偿的间隙用于所有的分析）。

表 8-15　HRC^{TM}3000 高压辊磨机回路净比能耗的观测值与 SMC 预计值

考察编号	SMC 基于功率方程参数						预计值			观测值		相对偏差 /%
	M_{ih} /kW · h · t^{-1}	x_1 /μm	x_2 /μm	S_h	K_3	K_S	W_h净值 /kW · h · t^{-1}	损失① /%	W_h总值 /kW · h · t^{-1}	W_h净值 /kW · h · t^{-1}	W_h总值 /kW · h · t^{-1}	
S1	9.6	24422	4682	0.856	1.0	35	1.31	14	1.51	1.41	1.63	7.29
S2	9.5	25353	3890	0.882	1.0	35	1.53	14	1.78	1.59	1.84	3.71
S3	9.2	25161	4235	0.868	1.0	35	1.38	16	1.64	1.22	1.45	13.05
S4	10.8	26133	3145	0.914	1.0	35	2.07	12	2.35	1.64	1.86	26.35
S5	10.8	23847	4492	0.867	1.0	35	1.51	10	1.69	1.89	2.11	20.02
S6	10.7	26952	4482	0.847	1.0	35	1.56	11	1.78	1.56	1.78	0.24
S7	10.7	28068	4550	0.837	1.0	35	1.56	11	1.75	1.97	2.20	20.59
平均												13.04

①损失是从供货商的电机和减速机效率数据计算所得。

表 8-16　Metcalf 选矿厂 HRC^{TM}3000 高压辊磨机啮合角和挤压力角考察结果

考察编号	规格		密度/t · m^{-3}		间隙 S/mm	压缩力 F/kN	辊的净功率 P_R/kW	比压力 SF /N · mm^{-2}	转速 N /r · min^{-1}	啮合角 α_{ip}/(°)	挤压力角 β/(°)
	L/m	D/m	饼 δ_c	松散 δ_b							
S1	2	2.976	2.36	1.69	128.8	17828	2553	2.99	15.9	10.37	3.31
S2	2	2.975	2.36	1.69	124.8	17839	2742	3.00	17.3	10.21	3.28
S3	2	2.974	2.30	1.69	128.9	14829	2113	2.49	15.8	9.89	3.32
S4	2	2.981	2.35	1.64	117.2	21031	2808	3.53	15.3	10.29	3.17
S5	2	2.973	2.41	1.67	114.4	24446	3777	4.11	17.9	10.25	3.16
S6	2	2.998	2.28	1.65	120.8	21323	3159	3.56	17.5	9.78	3.10
S7	2	2.997	2.33	1.64	113.4	24307	3802	4.06	17.6	10.02	3.24
某些值有舍入误差	$\overline{X}$									10.12	3.22
	S									0.22	0.08
	$S/\overline{X}$									0.02	0.03

8.4　结　　论

　　HRC^{TM}3000 高压辊磨机在 Metcalf 选矿厂的应用，在其性能和处理能力特性上都是非常成功的。在试车后的设备故障如减速机齿轮箱的推力轴承、边缘块及凸缘都通过详细的原因分析和设计解决了这些问题，因而使其能够很好地匹配 McNulty 的生产达产曲线系列 1。

　　由于比预期更长的辊胎寿命、更低的比能耗和更高的处理能力，与其他安装的高压辊磨机相比，HRC™3000 单位运行成本会更低。其他的创新，如采用西门子交-交变频器（Cycloconverters™）直联驱动旋流器给矿泵和球磨机双小齿轮变频直联驱动感应电机，都有助于提高球磨机的效率和降低单位运行成本。

　　把 ProSim 动态模拟器与离散事件模拟结合使用证明是估算单元设备规格的有用的工具。在动态模拟中，对群体平衡模型（PBM）根据运行回路审计结果来缩放选择函数的参数证实是一种预测设备性能的可靠方法。群体平衡模型也可以部署在动态培训模拟器中，在选矿厂启动之前，利用选矿厂控制系统显示器，给操作人员展示显示器、控制及选矿厂的行为性能。

参 考 文 献

［1］ Mular M A，Hoffert J R，Koski S M. Design and operation of the metcalf concentrator comminution circuit［C］∥Klein B，McLeod K，Roufail R，et al. International Semi-Autogenous Grinding and High Pressure Grinding Roll Technology 2015，Vancouver：CIM，2015：66.

［2］ Herman V S，Harbold K A，Mular M A，et al. Building the world's largest HPGR—the HRC™ 3000 at the Morenci metcalf concentrator［C］∥ Klein B，McLeod K，Roufail R，et al. International Semi-Autogenous Grinding and High Pressure Grinding Roll Technology 2015，Vancouver：CIM，2015：37.

［3］ Zervas G. The metcalf concentrator HRC™3000：Performance at variable specific force［C］∥ Department of Mining Engineering University of British Columbia，SAG 2019，Vancouver，2019：23.

9　高压辊磨机在 Tropicana 金矿的应用

9.1　概　　况[1,3]

　　Tropicana Joint Venture（JV）位于西澳洲，2002 年由 AngloGold Ashanti Australia Ltd（占 70%）和 Independence Group NL（占 30%）联合组建。2005 年在 Kalgoorlie 的东北偏东发现 Tropicana 金矿，勘探确认当时的矿床含有 156t 的金，矿石储量含金 103t，被认为是澳大利亚当时 10 年来发现的最大金矿。

　　Tropicana 选矿厂设计能力为年产 580 万吨的混合矿石（550 万吨的原生矿石），委托 Lycopodium 矿物有限公司做了该项目的可行性研究和 EPCM。作为 Lycopodium 提供的咨询服务的一部分，Lycopodium 的子公司 Orway 矿物咨询公司（OMC）参与了碎磨回路的设计、试车、达产和试车之后碎磨回路的支持。

　　该项目的开发于 2010 年 11 月获批，2011 年 6 月开始施工，按计划提前完工，2013 年 9 月产出第一锭金，产出第一锭金的两个月之内达到设计能力。

9.2　碎磨试验和回路选择

9.2.1　矿石性质

　　Tropicana 的初始矿体包含有两个主要的矿化带：向北的 Tropicana 矿化带和向南的 Havana 矿化带。根据硫化矿物的赋存和基岩类型可以确认为两种矿化类型，分别是：蚀变石英长石片麻岩区和罕见的石榴石片麻岩区内以黄铁矿为主的浸染、条带和裂纹角砾岩脉；斑状脉状黄铁矿−磁黄铁矿在与上盘石榴片麻岩交错的基础上，选择性地替代了变质沉积相中的细脉间隔。

　　经济的金富集限制于有利平层之内的石英长石片麻岩的间隔，较高的金品位与黑云母−绢云母网状断裂充填物和裂纹角砾岩带密切相关，表明成矿过程中以脆性变形为主。矿化带之内的硫化矿主要为黄铁矿，含量为 2%~8%，嵌布粒度小于 0.2mm。在钻孔岩芯或碎片中没有观察到可见金。明显缺乏石英脉和普遍的碳酸盐蚀变。

　　两个矿化带的每一个都分成三种风化状态：氧化矿（腐泥岩）、混合矿和原生矿。合并后的资源中每种类型大概占比见表 9-1。

表 9-1　Tropicana 资源类型

风化类型	所占比例/%
氧化矿	4.1
混合矿	10.4
原生矿	85.5

　　选矿厂设计的原生矿年处理能力是 550 万吨。共提交了 49 个样品用于碎磨试验，其中 Tropicana 矿带 15 个，Havana 矿带 34 个。对氧化矿、混合矿和原生矿设计占比 85% 和平均的碎磨试验参数分别见表 9-2 和表 9-3。

表 9-2　氧化矿/混合矿矿石碎磨试验参数

参　数		单位	设计值	平均值	标准偏差
破碎功指数		kW·h/t	11.3	7.0	3.7
邦德棒磨功指数		kW·h/t	15.7	11.6	4.9
邦德球磨功指数		kW·h/t	15.3	13.2	3.0
研磨指数		g	0.137	0.114	0.09
JKDW	$A \times b$		70.9	194.3	194.4
	ta		0.97	1.90	1.36
SMC	$A \times b$		138.7	174.6	58.7
	DW_i	kW·h/m³	0.79	2.02	1.51

表 9-3　原生矿矿石碎磨试验参数

参　数		单位	设计值	平均值	标准偏差
无侧限抗压强度 UCS		MPa	108.8	76.7	15.2
破碎功指数		kW·h/t	19.1	16.1	3.0
邦德棒磨功指数		kW·h/t	21.5	19.4	2.1
邦德球磨功指数		kW·h/t	18.2	17.6	1.6
研磨指数		g	0.325	0.291	0.06
JKDW	$A \times b$		31.5	36.1	6.0
	ta		0.32	0.40	0.19
SMC	$A \times b$		33.1	41.4	16.6
	DW_i	kW·h/m³	8.6	7.21	1.5

9.2.2　碎磨流程选择

　　风化的矿石成分相对较软，需要的磨矿能耗较低。设计以原生矿石为主。原生矿石的邦德功指数也相对的高，但与 OMC 试验数据库相比，不如 $A \times b$ 值那么极端。这个相互关系表明这种特殊矿石的半自磨机磨矿可能不是能效最好的方案。由于在回路选择时能效是一个关键动因，在预可行性研究阶段进行了经济方案研究。最初考虑的方案有 SABC、SS SAG、高压辊磨机—球磨机、高压辊磨机—砾磨机、AG—砾磨机和三段破碎—球磨机。初步的研究表明，对粗碎—SABC

和高压辊磨机—球磨机磨矿流程应当进一步研究。

对 SABC 和高压辊磨机—球磨机方案的功率利用率数据比较见表9-4。

表 9-4 研究阶段采用的功率利用率比较 （kW·h/t）

设 备	SABC	高压辊磨机—球磨机
粗碎	0.4	0.4
中碎	—	0.8
高压辊磨机	—	3.0
半自磨机	11.4	—
顽石破碎机	0.4	—
球磨机	14.0	15.1
辅助设备[①]	3.7	4.1
总计	29.9	23.4

①带式输送机、筛分机、润滑系统等。

功率利用率比较表明，SABC 方案的系数 f_{SAG}（f_{SAG} 是指理论上从粗碎后碎磨回路的给矿到最终产品，流程所必需的功率与根据邦德球磨功指数计算的功率的比值，在 Tropicana 金矿，设计的 F_{80} 和 P_{80} 分别为 150mm 和 75μm，回路可以直接比较）为 1.3~1.4，高压辊磨机—球磨机方案是能效最好的，因而对该方案的多个流程组合进行了评估以确定最终方案。

Tropicana 项目完成时，从给矿准备到球磨机分级的碎磨回路总投资为 1.33 亿澳元，占选矿厂总投资直接费用的 53%（不包括建设间接费用）。

9.2.3 工艺流程描述

Tropicana 的碎磨流程粗碎之后为一个粗矿堆，粗碎采用了一台 FLSmidth 的 TSU1400×2100 型旋回破碎机，安装功率为 600kW。破碎机的产品 P_{80} 为 150~170mm，设计处理能力为 2500t/h。

粗碎后的矿石经过两台板式给矿机从粗矿堆取出，经带式输送机送到第二段筛分给矿仓，第二段筛分为两台平行的 3.0m×6.1m 双层香蕉筛（一台运行、一台备用），上层筛孔为 90mm，下层筛孔为 45mm。两个筛上产品合并给到第二段圆锥破碎机，小于 45mm 产品给到高压辊磨机回路。第二段破碎有两台 FLSmidth XL900 Raptor 型圆锥破碎机（一台运行，一台备用），与第二段筛分构成闭路。

第二段破碎回路的产品给到高压辊磨机的给矿仓，其有效容积为 18min，采用带式给矿机来保持高压辊磨机的挤满给矿条件。第三段破碎为一台 Köppern φ2.0m×1.85m 高压辊磨机，安装有两台 2200kW 的变速电动机，高压辊磨机与湿式振动筛闭路。第三段破碎回路中有一个粒度小于 4mm 的细粒应急矿堆，应急矿堆的矿石是连续从高压辊磨机的排矿中截取一部分物料，在给到应急矿堆之前采用筛孔为 4mm 的干式振动筛筛分，大于 4mm 的筛上物料返回到高压辊磨机产品筛分的振动筛给矿带式输送机上。当高压辊磨机或第二段破碎作业离线时，从这个应急矿堆采用前装机取料给到湿式振动筛。

高压辊磨机排矿的分级有两台平行的湿式振动筛, 高压辊磨机的排矿给到湿式振动筛的给矿缓冲仓内, 两个缓冲仓总计有 46min 的有效容积。带式给矿机把矿石给到振动筛之前的浆化箱内, 使其在给到振动筛之前先打散。湿式振动筛为 4.2m×8.5m 的双层香蕉筛, 其上层筛孔为 8mm, 下层筛孔为 4mm。筛上粒级合并后经带式输送机返回高压辊磨机, 当探测到游离金属和给矿过湿时, 能够通过触发一个翻转闸门使物料旁通过高压辊磨机。

小于 4mm 的筛下产品与球磨机的排矿一起给到球磨机的排矿泵池, 用泵给到配置有 12 台 gMAX26 型旋流器的旋流器组分级。旋流器的溢流给到除屑筛进入浸前浓缩机, 旋流器底流给到闭路的 $\phi7.32m×13.12m$ 溢流型球磨机。这台 Outotec 制造的球磨机装有两台 7000kW 的 RCD SER 驱动系统, 可以变速运行, 总的输入功率为 15000kW。旋流器溢流设计的 P_{80} 为 75μm。

Tropicana 碎磨回路的原则流程如图 9-1 所示。

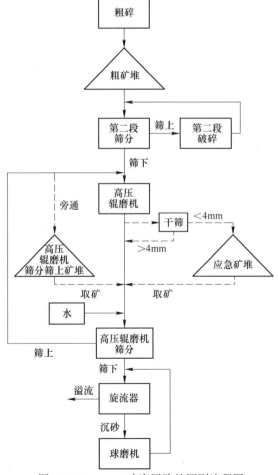

图 9-1　Tropicana 碎磨回路的原则流程图

9.3 流程设计

高压辊磨机工艺已经在许多硬岩选矿厂应用，然而，一般认为该回路的运行和维护比常规的半自磨—球磨回路更复杂。高压辊磨机回路在硬岩矿物工业的切入点是对极硬的矿石能显著节省能耗，对项目有更好的经济效益。在 Tropicana 的最初设计阶段，为了弄清楚可能出现的问题，咨询了现有高压辊磨机运行回路涉及的设计和运行各方。在流程细化中，考虑了许多现有高压辊磨机运行中的经验教训，主要有：

(1) 高压辊磨机的最大给矿粒度一定要控制好。

(2) 在各个破碎回路和磨矿回路之间的有效运转率不匹配。

(3) 回路稳定性和缓冲控制——对高压辊磨机的脉冲式给矿。

(4) 比预计更高的辊磨损速率。

(5) 给矿离析造成不均匀的辊磨损和偏斜。

(6) 高压辊磨机给矿水分的控制。

(7) 高压辊磨机排矿振动筛和磨矿回路补加水的控制。

(8) 在湿式振动筛上足够的压块打散过程。

(9) 高压辊磨机回路的返回输送系统能力不足。

(10) 筛分能力不够导致高的循环负荷使得高压辊磨机性能差。

为了减轻上述问题造成的不利影响，在流程选择和工程设计中采取了下列措施。

9.3.1 第二段破碎能力

第二段破碎回路的设计是高压辊磨机回路成功的关键。必须有足够的能力使得破碎机与筛分闭路在稳定的生产能力下保证控制给到高压辊磨机的最大粒度。高压辊磨机可接受的最大给矿粒度是其运行间隙的函数，因而也是辊径、辊的表面类型和矿石特性的函数。给入的最大粒度应当不超过高压辊磨机的运行间隙，这个控制失利会增加许多问题包括由于辊的高度偏斜导致的跳闸、辊钉碎裂、压缩区内矿粒床层的塌陷，从而造成破碎失效。

Tropicana 的第二段破碎回路的主要目的是控制高压辊磨机的最大给矿粒度为 45mm，在振动筛的筛下产品带式输送机上安装了一台 Split-Online 在线粒度分析仪以连续监测高压辊磨机新给矿的最大粒度。这也可以探测筛板和筛孔的过度磨损。自从试车以来，高压辊磨机的运行间隙一直是平均 52mm（设计为 50mm）。

为了省去第二段破碎后产品矿堆的费用，第二段破碎回路设计是与高压辊磨机和球磨机磨矿回路一起在线。为了解决第二段破碎和高压辊磨机及球磨机之间有效运转率的差异，在第二段破碎和筛分作业中设计了备用破碎机和振动筛以保证高压辊磨机的稳定给矿。这就使得可以对破碎机进行日常的衬板维护和间隙调节，同时保持对高压辊磨机及磨矿回路的给矿。

9.3.2 高压辊磨机闭路筛分方式

高压辊磨机产品振动筛筛孔的确定是权衡了回路的功率效率和实际约束，包括对高压辊磨机的给矿水分限制以防止由于自生耐磨层的冲刷而导致的过度磨损之后做出的选择。Tropicana 的高压辊磨机闭路筛分方式的选择是一个争论点，并且给予了足够的考虑。由于在其他采用湿式筛分的高压辊磨机回路中经历的运行问题，拟推荐采用干式筛分，这将有利于把高压辊磨机和磨矿之间用一个大的干式储存设施分离，但这也会限制振动筛的筛孔在 8mm 左右。提出干式筛分是因为采用湿式筛分导致高压辊磨机给矿中过多的水分，造成了对辊的过度磨损，同时通过辊的湿式物料的滑移会降低处理能力，这就意味着采用建议的 4mm 筛孔，滑移可能非常严重以至于通过高压辊磨机的粉碎过程会降低到单颗粒厚度的床层。其他的运行也出现过由于高压辊磨机检查和维护，导致球磨机的给矿不足而造成停车故障。

为了使高压辊磨机选项可行，则需要细筛（<6mm）以使得回路的整体功率效率最大化。要取得低于 6mm 的有效筛分，则需要湿式筛分。考虑了在高压辊磨机回路采用湿式筛分的应用中所遇到的由于振动筛选择不当所造成的不利影响，可以通过改进筛分设计使这种风险能够显著地降低。此外，为了解决潜在的停车时间，为回路添加重大的投资，在高压辊磨机和磨机之间提供足够的有效储存也不是一个经济的选择。因此，Tropicana 流程选择了 4mm 筛孔的湿式筛分，但同时筛子要足够大。

9.3.3 高压辊磨机回路选择

对一系列的组合样品进行了许多的高压辊磨机试验，包括采用辊钉辊面、六面体光滑辊面和在运行条件下进行的半工业试验。试验工作用来确定 m（比处理能力，$t/(m^3 \cdot h)$）、所需比功耗、可能的产品粒度分布（PSD）、试验水分和氧化矿的影响，这些数据用于按比例放大高压辊磨机的处理能力和闭路筛分设计规格要求。在不同的试验活动之间估算的循环负荷变化很大，主要是由于每次所做的功和随后在辊钉辊面和六面体光滑辊面之间产品粒度分布上的差别。对两种辊面类型之间试验的结果进行分析表明，当考虑到运行压力和每次所做的功的差异时，在每单位粒度降低所输入的净能量之间有很好的一致性。这说明尽管六面体辊面每次所做的功更多，使得运行的循环负荷更低，也需要更高的挤压力。辊钉辊面在较低的挤压力下运行，产生更高的循环负荷，但两种辊面类型的整体功率效率是相同的。

鉴于上述原因，且由于其优越的耐磨性能，考虑采用辊钉辊面，设计选用了更高的循环负荷。这也为在其他运行中确认为有问题的缓冲运行（非稳态）提供了应急借鉴。

当选择湿式筛分时采用了保守的方法，考虑了更高的循环负荷和40%的额外能力，以有效地脱除筛上产品的水分，保护高压辊磨机的自生耐磨层免于高水分的冲刷。根据试验结果，设计的高压辊磨机运行最大给矿含水量设定为6%。筛分的筛上产品含水量一般为3%~5%，高压辊磨机给矿水分平均为2.7%。

保守的设计也使得以后如果需要可以采用更细的筛孔。在设计阶段，对预期的粉碎效果采用了一个安全系数，小于4mm用43.4%代替57%[1]，这就导致在高压辊磨机上有一个额外的能力因素。利用这个额外的能力，改变高压辊磨机的湿筛筛孔，把球磨机的给矿粒度从4mm缩小到3mm，这个变化易于增加球磨机的处理能力和可靠性。在试车后不久，为更好地平衡高压辊磨机与磨矿回路的功率，高压辊磨机振动筛的筛孔从4mm减小到3mm，获得了比设计更高的处理能力。

9.3.4 增加应急细粒矿堆

在其他应用中，高压辊磨机的有效运转率和相关的辅助设备包括带式输送机不可能与磨矿回路一般为91%~97%的有效运转率相匹配。应急矿堆是高压辊磨机产品的固定储存，以保证在其停车期间能够维持球磨机给矿，这是一个折中办法，因为需要重新倒运，但操作时间相对短。固定矿堆人工重新倒运的优点是非常灵活，能够用于把靠近地表的细粒氧化矿及筛分的高压辊磨机产品给到选矿厂。

应急矿堆是在正常运行期间通过从转运溜槽截取部分高压辊磨机排矿，并对其干筛得到小于4mm的产品，用带式输送机输送到矿堆来建立的。当高压辊磨机离线时，球磨机的给矿则采用前装机从应急矿堆取矿给入。高压辊磨机给矿缓冲仓和高压辊磨机产品筛分给矿缓冲仓的总设计有效容积为1h，有足够的时间使前装机在没有停止球磨机的情况下利用应急矿堆给矿。高压辊磨机排矿的水分含量有助于降低在储存到辐射状矿堆时产生的粉尘。矿堆的容积设计为超过48h的球磨机给矿，足以应对大多数短期的工艺中断故障。

由于高压辊磨机在取用应急矿堆的矿石时会离线，任何剩余的高压辊磨机产品的筛上粒级将被送到一个小的矿堆，一旦正常运行恢复再送回到选厂处理。应急矿堆堆存系统的工艺流程如图9-2所示。

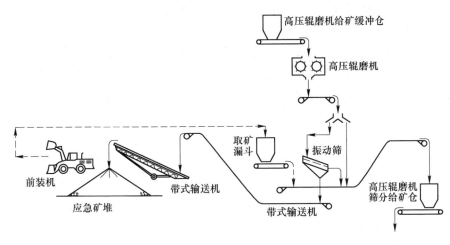

图 9-2　应急矿堆工艺流程图

9.3.5　高压辊磨机旁通设施

Tropicana 回路中，在不影响生产的情况下需要高压辊磨机旁通有三个主要原因：

（1）为保护高压辊磨机，在其之前的回路中除去游离金属。

（2）旁通除去不适于高压辊磨机破碎和在磨矿之前不需要细碎的氧化矿物料。

（3）为了降低持续的波动给矿（只有筛上产品返回量）通过高压辊磨机的发生率。因为其含水量高会造成自生耐磨层的冲刷及在辊面的滑移，两种情况都会增加辊的磨损，同时后者也会降低高压辊磨机的处理能力。

在高压辊磨机回路中有两个关键的位置能够旁通：

（1）高压辊磨机的给矿溜槽。在这里采用一个分流闸门能够直接把给矿旁通到高压辊磨机排矿的带式输送机上。在高压辊磨机的带式给矿机上安装一个金属探测器，当探测到金属时，分流闸门自动动作。在给矿为 100% 的氧化矿期间，这个闸门也用于旁通，这在初始运行时是非常重要的。试图通过高压辊磨机来处理氧化矿物料会造成许多问题，包括严重的辊面滑移，导致从容积上制约处理能力，反而造成非常低的循环负荷，使得难以维持挤满给矿。没有挤满给矿条件，高压辊磨机给矿漏斗易于过度磨损。如果不能够控制混合矿，以保证足够的原生矿使得高压辊磨机正常运行，则需要旁通。在长时间的氧化矿给矿期间，当高压辊磨机离线时，高压辊磨机的闭路振动筛筛孔放大到 8mm（底层筛板除去）以使其筛上产品的量最小化。

（2）安装于转运点的高压辊磨机排矿振动筛筛上产品的带式输送机上的分

流闸门。如果需要，利用分流闸门把筛上产品导流到一个矿堆，而不是返回到高压辊磨机的给矿。这个旁通点也与金属探测器相连，在金属探测中自动启动闸门。当第二段破碎机回路临时离线、高压辊磨机没有新的给矿时，该闸门也启动。在此期间，只有高压辊磨机振动筛的筛上产品给到高压辊磨机的给矿缓冲仓，会产生湿度非常大的给矿，这种物料缓慢地给入高压辊磨机能够造成自生耐磨层高湿度的冲刷，可能需要花费数小时的运行才能恢复。在这种情况下必须把筛上产品导流出回路以防止自生耐磨层损坏。

在运行期间，经常通过目视检查自生耐磨层的完整性，利用在线水分分析仪测定的自动旁通控制是为了防止脉冲式给矿。这个自动旁通控制系统，与日常检查和碎裂辊钉的更换相配合，已经使辊的寿命超过了设计的7500h。第一套辊自试车以来运行超过了10000h，辊子只是出现了一个温和的浴缸磨损轮廓，在辊的宽度上磨损分布十分均匀如图9-3所示。

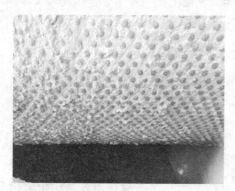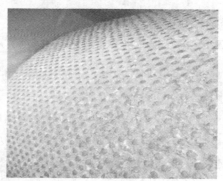

图9-3 Tropicana高压辊磨机负荷运行10000h后的辊面

9.3.6 筛分浆化箱的设计

Tropicana矿石在实验室进行的高压辊磨机试验表明，原生矿石几乎不产生成块，采用补加水很容易散开。随着氧化矿/混合矿成分的增加，由于氧化的物料如同黏结剂一样，使得成块的大小和程度增加，成块的程度还不足以需要增加附加的打散作业如在筛分作业之前的擦洗。然而，对一些混合给矿预计还是需要打散作业，不只是把矿石淹没在水里。为此，设计了高压辊磨机的筛分浆化箱以增加停留时间，同时也加入部分额外的能量以打散成块。

设计了三个水淹槽，槽内用水枪搅动直接冲击成块的矿石，随着矿石的浆化，其从一个槽流到下一个槽。筛分给矿在进到筛分之前有4个冲击点，不断增加施加到矿石上的滚动能量，在振动筛的上层和下层装有高压喷淋条用于冲洗筛上产品中的细粒。

该设计在 Tropicana 使用很好，返回到高压辊磨机的成块很小。设计也促进了矿石的浆化，降低了输入的水量，这对 Tropicana 回路控制水的平衡是很重要的。设计的浆化箱如图 9-4 所示。

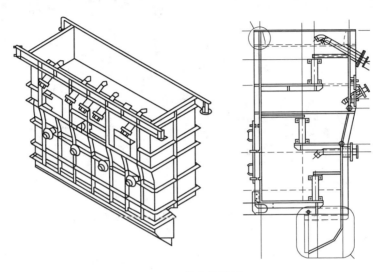

图 9-4　浆化箱设计

9.3.7　磨机选择

在项目的进展过程中，球磨磨矿的能量需求发生了变化，这主要是来自采用高压辊磨机回路和大型球磨机的选矿厂越来越多的信息所致。高压辊磨机破碎的给矿在实际生产中将会显著地小于试验所建议的及 Tropicana 项目研究和设计时业内所认可的结果。与此同时，大直径球磨机的性能被怀疑不符合常规的功率模型方法和效率预测，鉴于这些数据的可用性，高压辊磨机有利于球磨机的能量需求从最初到最终设计降低了约 50%。

对球磨机选择了变速驱动，使得增加了灵活性以适应预期开始几年运行中的给矿性质变化，也使得回路保持所需的磨矿能力，并且降低了磨机对变电站的启动负荷。选择的破碎系统应能够保证任何时间对球磨机有足够的给矿，已经处理的一些最耐磨的原生矿石，高压辊磨机的循环负荷不断增加超过了设计水平，表明当时用于单位选择的裕量是合适的，并不过分。

图 9-5 所示为 Tropicana 的高压辊磨机产品筛分和球磨机磨矿区域。

9.3.8　球磨机控制原理

由于回路的配置原因，无法直接测定球磨机的瞬时处理能力。因为在高压辊

图 9-5　Tropicana 的高压辊磨机产品筛分和球磨机磨矿区域

磨机产品筛分给矿仓的缓冲容量、实际上高压辊磨机产品筛分的筛下粒级以矿浆形式直接给到了球磨机的排矿泵池，无法测定这个矿流的流量和密度。考虑了几种测量方法，实际采用的是根据计算的振动筛给矿量和振动筛筛上产品产量之间的差，这是通过安装在高压辊磨机产品的筛分作业带式给矿机和筛分筛上产品带式输送机上的计量秤来实现的；而安装在带式给矿机上的计量秤因为其长度有限，与典型的安装指南不一致，系统已经进行了长时间测试和合理的校准，与选矿统计的数据相当吻合。

　　磨矿回路的控制原理是在试车之后，随着对回路的运行需求了解和掌握所开发的。最初的控制原理是根据一段球磨机的常规方式进行的，但发现其在Tropicana 的回路中有缺陷。这是由于足够的筛分效率对水的需求与旋流器分级所需的水量冲突，两股独立的水量整合到控制原理中，要保证满足每个回路的最小需求。根据操作人员从高压辊磨机产品筛分的筛上产品目视检查所设定的值，筛分的水应足够以浆化给矿和冲洗筛上粒级。泵池料位控制回路要保证有足够的水添加到磨机排矿泵池以控制料位处于设定值，利用旋流器给矿泵转速来保持恒定的旋流器给矿压力，这个设定值使得旋流器给矿矿浆浓度在控制的范围内波动。在旋流器溢流溜槽中的自动取样机把样品给到一台粒度分析仪（PSI）装置中实时确定溢流的浓度和粒度的 P_{80}。溢流浓度通过调整在线旋流器的数量控制在一定的范围内，磨矿粒度通过 PSI 测定且改变高压辊磨机产品筛分作业的给矿量来控制。控制原理最终使得回路以自纠正方式运行，如果循环负荷增加了，部分水与磨机排矿的矿浆一起返回到泵池以保持恒定的液位。旋流器给矿浓度增加了，转而会导致磨矿粒度变粗，因而 PSI 控制器降低给矿量，使得循环负荷与旋流器分离点和可达到的磨矿粒度达到平衡。

需调整高压辊磨机给矿量和辊速以维持湿式筛分给矿仓的料位，第二段破碎机产品筛分的新给矿量要控制以维持高压辊磨机给矿仓的料位在一定的范围内。如果下游的制约需要限制处理能力，操作人员可以手动控制磨机给矿量而不管其对磨矿粒度的控制。由于选矿厂的其他限制，也有其他的控制回路可以覆盖这个回路。总之，控制原理在使选矿厂处理能力最大化、使得过磨最小和降低工艺变化性上运行得很好。

结果表明，随着给矿中原生矿石的百分比增加，高压辊磨机产品筛分作业的水量在减少，有助于稳定运行。在高压辊磨机产品筛分中过量的水影响旋流器的水平衡，结果限制了磨矿细度，会使处理能力受限。高压辊磨机产品筛分的补加水连续优化是很重要的，当给矿发生变化时，要调整最大设定值以防止太多的水漫过回路。

9.3.9 建设和试车

Tropicana 金矿选矿厂建设于 2011 年第一季度开始，2013 年 10 月试车完成。该选矿厂建设的关键时间点见表 9-5。

表 9-5 Tropicana 金矿选矿厂建设的关键时间点

内　容	时　间
项目批准	2010 年 11 月 17 日
机场和选矿厂基础开挖	2011 年 11 月 10 日
选矿厂土石方工程完工	2012 年 7 月 18 日
选矿厂土建工程完成	2013 年 2 月 22 日
原矿堆到矿	2013 年 7 月 25 日
球磨机给矿	2013 年 8 月 30 日
第一次金锭浇铸	2013 年 9 月 26 日
项目完工/移交	2013 年 10 月
设计达产	2013 年 12 月

选矿厂开始处理氧化矿，因而旁通过高压辊磨机，以使得选矿厂的其他部分开始试车。高压辊磨机刚好在 2013 年 9 月第一次金锭浇铸之后开始试车，此时开始处理更耐磨的矿石。紧随着高压辊磨机的试车，磨矿回路开始优化，包括控制回路调整，同时增产以满足设计处理能力。在高压辊磨机试车之后的两个月之内达到设计处理能力。

在达到设计能力和第一次金锭浇铸之后优化继续进行，重点转移到磨矿回路运行，包括高压辊磨机的性能、控制原理、筛分效率和浓缩。

9.4 碎磨回路运行

从 2013 年 9 月试车到 2013 年 10 月 10 日完成试车，然后开始运行至 2019 年 4 月 4 日，Tropicana 的高压辊磨机总计运行了 40737h，其有效运转率（负荷小时数/总的可利用小时数）为 84%，平均每套衬的使用寿命为 7540h，高压辊磨机的可利用率达到 95%。自 2013 年 10 月 10 日到 2019 年 4 月 4 日，处理总矿量为 3770 万吨，球磨机原设计处理能力 680t/h，之后由于高压辊磨机处理能力超出预期，又增加了第二台球磨机，磨矿总的处理能力达到 950~1050t/h。

Tropicana 选矿厂投产时的选矿工艺流程如图 9-6 所示，高压辊磨机的安装如图 9-7 所示。

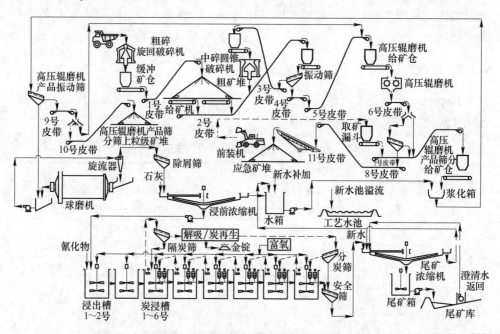

图 9-6 Tropicana 选矿厂投产时的选矿工艺流程

9.4.1 前期运行情况

自试车以来到 2015 年 3 月平均月处理能力和磨矿细度如图 9-8 所示。

在 2014 年的下半年，选矿厂的生产受到打井取原水的影响，在当时制约了处理能力，这个问题在 2015 年初得到解决。选矿厂仍然设法达到了设计平均处理能力以上，高压辊磨机和球磨机利用率（根据总的运行时间包括外部因素对高压辊磨机/球磨机回路造成的停车时间）如图 9-9 所示。

图 9-7　Tropicana 安装的高压辊磨机

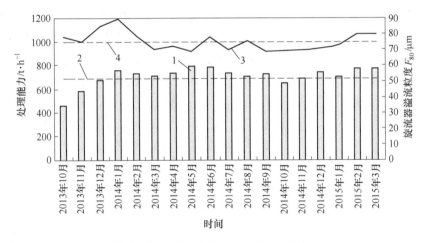

图 9-8　磨矿处理能力和旋流器溢流粒度 P_{80}

1—球磨机处理能力；2—设计处理能力；3—旋流器溢流粒度 P_{80}；4—设计旋流器溢流粒度 P_{80}

　　粗碎破碎机的有效运转率高于设计值，当时最初设计是基于每天运行 8h。由于在连续运行的基础上没能达到设计 2500t/h 的处理能力，增加运行时间已经是必需的。处理能力降低的根本原因是由于下述问题的综合影响：

　　(1) 粗碎破碎机的冷却系统阻止了持续发挥安装功率的能力。

　　(2) 动锥衬板和定锥衬板的磨损轮廓对破碎效率产生了不利影响。

　　(3) 在可行性研究期间降低了破碎机的规格，因而白班和晚班都需要运行。

　　第二段破碎作业运行很好，对高压辊磨机的给矿粒度控制很好，但有效运转

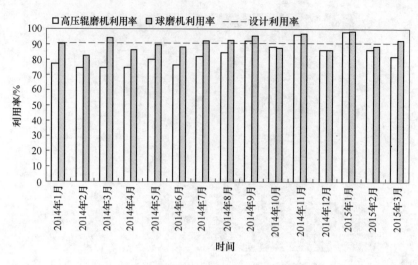

图 9-9 高压辊磨机和球磨机利用率

率低于设计值。省去第二段破碎后的矿堆显著降低了整体投资，但这也需要第二段破碎作业的设计采用运行/备用模式运行，以保证达到设计的有效运转率。已经实施的设计和选择的设备不允许像最初想象的那样采用运行/备用模式运行，在将来的设计中，如果第二段破碎的矿堆取消，应当对第二段破碎作业给予更多的考虑和资金预留。

根据功率消耗和随后的处理能力，高压辊磨机已经超出预期的性能，循环负荷平均低于100%，远低于设计根据试验结果放大的140%。这也使得高压辊磨机的处理能力显著增加，致使高压辊磨机产品湿式筛分作业的下层筛孔降低到3mm，以更好地平衡高压辊磨机和球磨机之间的负荷。预期随着高压辊磨机的给矿性质进一步过渡到更硬的原生矿石，循环负荷会增加，可能需要再次更换为4mm筛孔的筛板。

在第一个月的运行期间，高压辊磨机的给矿溜槽料位采用雷达料位传感器控制，该传感器控制着高压辊磨机的变速给矿皮带；当传感器脏了时，它会给出错误的读数，导致非挤满给矿的"空漏斗运行"，造成溜槽和给矿腔的严重磨损，使得高压辊磨机回路停车6周进行了紧急修理，用陶瓷瓦和布氏硬度为600的钢板组合取代了原来的塑料衬。在给矿溜槽中也安装了橡胶提升棒以帮助防护耐磨板延长服务寿命。后来把传感器移位，又增加了压缩空气来帮助传感器前面保持干净。

表9-6提供了自2014年1月到2015年3月的综合平均运行数据。在开始两个月运行期间，主要是处理氧化矿，已经从运行数据中剔除，此后处理的矿石一直在混合矿石和原生矿石之间变化。

表 9-6 关键综合运行参数 (2014 年 1 月~2015 年 3 月)

工 序	参 数	单位	平均值	标准偏差
粗碎	处理能力	t/h	881	35.6
	比能耗	kW·h/t	0.25	0.1
	辅助比能耗	kW·h/t	0.33	—
	总的利用率	%	75.6	43
中碎	处理能力	t/h	763	255
	比能耗	kW·h/t	0.4	0.16
	辅助比能耗	kW·h/t	0.7	—
	总的利用率	%	85.1	35.6
高压辊磨机	处理能力	t/h	763	255
	循环负荷	%	96.4	43.9
	运行挤压力[①]	bar	169	24
	比挤压力	N/mm²	2.73	0.42
	比能耗	kW·h/t	2.6	0.54
	辅助比能耗	kW·h/t	1.08	—
	总的利用率	%	90	30.1
球磨机	处理能力	t/h	734	180.8
	比能耗	kW·h/t	18.2	4.29
	辅助比能耗	kW·h/t	1.63	—
	总的利用率	%	91.2	28.3
	旋流器溢流 P_{80}	μm	73.1	18.8
总比能耗		kW·h/t	25.2	—

注: 1bar=10^5Pa。

最初一年多的运行中 Tropicana 碎磨回路衬板和磨矿介质消耗数据见表 9-7。

表 9-7 衬板和介质消耗数据

工 序	衬 板	使用时间
旋回破碎机	动锥衬板	2200h
	定锥衬板	4400h
中碎破碎机	衬板	765h
高压辊磨机	辊钉衬	>10000h[①]
球磨机	磨机衬板	>10000h
	磨矿介质	0.76kg/t

①实际运行时间为 11689h。

自 2014 年 4 月到 2015 年 2 月,选矿厂碎磨回路的运行成本 (处理和维护) 见表 9-8,其中采矿和非选矿厂相关的费用不包括在内。

表 9-8　运行成本及其占总成本的比例

内　　容		运行成本 /美元·t^{-1}	占选矿厂总 成本的比例 /%
选矿厂	加工	12.80	68.49
	维护	5.89	31.51
	选矿厂总计	18.69	100
碎磨 回路	碎磨功率	6.38	34.1
	磨矿介质	0.89	4.8
	加工人工和管理（选矿厂总计）	1.63	8.7
	维护人工和管理（选矿厂总计）	2.18	11.7
	破碎维护	1.53	8.2
	高压辊磨机维护	0.74	3.9
	磨矿维护	0.82	4.4
	碎磨回路总成本	14.17	75.8

以每吨 14.17 美元的成本，碎磨回路的成本占总的选矿厂运行成本的 75.8%。

9.4.2　碎磨工艺优化

在投产之后，Tropicana 为了增加选矿厂的产能，又开始进行工艺优化。优化由 AngloGold Ashanti 承担，共进行了下列试验：

（1）通过减小高压辊磨机产品振动筛的筛孔进一步降低球磨机的给矿粒度。

（2）使高压辊磨机在高挤压力下运行以改善粉碎效果。

（3）增加第二台球磨机以降低磨矿的产品粒度，改善处理能力和金的回收率。

（4）升级所有与高压辊磨机回路相关的皮带以满足增加的处理能力需求。

通过把高压辊磨机产品筛分的筛孔从 4mm 降低到 3mm，球磨机处理能力从设计的 680t/h 增加到超过 800t/h。对各种筛孔进行了试验，包括 2.5mm 筛孔，结果不稳定。根据矿石性质，球磨机处理能力在 850~950t/h 之间变化。

在 2016 年早期提出了一个新的设想：如果高压辊磨机在最大的转速和最大的挤压力下运行，会导致功耗增加，而粉碎过程性能也会改变，就会得到更高的球磨机处理能力。

高压辊磨机在最大的转速、最大的比挤压力，以及给矿闸门全开状态下运行了几个月。在这个过程结束后，分析的结果是：

（1）粉碎效果是受比能耗控制，而不是输出功率控制。

（2）高压辊磨机辊速对粉碎效率的影响微不足道。

（3）对给定的矿石，其比能耗是恒定的，与辊速无关。

（4）在最大的转速、最大的比挤压力和给矿闸门全开的条件下，导致高压辊磨机产品振动筛过载并且发生下列情况：

1）筛分效率降低，很少有接近粒级的颗粒进入筛下产品，球磨机的给矿粒度更细，处理能力明显改善了。

2）返回高压辊磨机的物料中细粒含量增加了，把过量的水带回了高压辊磨机，磨损速率增加了，辊钉衬必须很快地更换。

在 2018 年初设备返回到正常运行，高压辊磨机继续以接近于最大比挤压力运行，辊速控制在维持总的排矿量在一个合适的水平。

为了充分利用高压辊磨机的超额处理能力，又安装了第二台球磨机，使得选矿厂的处理能力超过了 1000t/h。

另外，还做了下列改进：

（1）重新设计了高压辊磨机给矿仓皮带头部溜槽以产生一个更均匀的高压辊磨机给矿的粒度分布。在此之前，矿仓里的高压辊磨机给矿是离析的，导致高压辊磨机的给矿粒度分布一直波动，使高压辊磨机运行性能一直处于变化状态。新的设计解决了离析问题，使高压辊磨机的性能得到了改善。

（2）安装了自动旋转闸门。自动旋转闸门的安装改善了运行能力，把给矿的位置直接对准了高压辊磨机间隙中心的上方。在改进之前，由于没有接近程度传感器，闸板的位置基本是未知的，这就意味着给矿常常是偏置的，因而导致辊的偏斜。随着带有接近程度传感器的自动闸门的安装，闸门的准确位置是已知的，保证了对高压辊磨机稳定的中心给矿。

（3）在旋转闸门的正面安装了白口铸铁板。白口铸铁板延长了旋转闸门的耐磨寿命，使得对准高压辊磨机间隙中心给矿的机会更长。

Tropicana 选矿厂的设计在主要皮带上都安装了摄像头，用于在线的粒度分布（PSD）测定，这就避免了需要停车来进行单个矿流取样以评价性能。选矿厂两年左右进行一次回路考查，采用闪停带式输送机的方式以得到实际的物料粒度分布。但这种方式成本很高，基于这个原因，这种回路考查次数不多。当然，为了评估工艺过程，过程性能的分析是必须要做的，高压辊磨机制造商参与了不需要闪停的性能评估过程。

高压辊磨机控制系统（由高压辊磨机制造商设计和制造）有其自己的过程数据记录功能，制造商能够远程记录高压辊磨机并且直接观察或者下载过程记录参数进行分析。制造商开发了一个统计过程数据分析软件，可以评估过程性能并且把报告反馈给 Tropicana。

9.4.3　高压辊磨机工艺分析

表9-9是对高压辊磨机2019年3月的工艺过程分析，代表了在没有计划停车的情况下Tropicana金矿选矿厂高压辊磨机正常的运行状况。表9-9中分析的数据是以每5s的运行所记录的点值。

表 9-9　2019 年 3 月高压辊磨机的平均运行参数

参　数	单　位	数　值
总的负荷运行时间	h	707
高压辊磨机可利用率	%	95
总的处理新给矿	t	820517
高压辊磨机总的处理能力	t	1565151
总的球磨机给矿	t	751365
平均球磨机给矿量	t/h	1009
总的去应急矿堆矿量	t	75042
辊子转速	r/min	17.4
运行间隙	mm	62
辊子偏斜	mm	1.4
比压缩力	kN/m²	3379
比能耗	kW·h/t	1.32
比处理能力	t/hm³	318
粉碎效率	%	57

2019年3月在Tropicana是一个稳定生产月，只有极少几次发生过球磨机给矿中断，图9-10所示为2019年3月的球磨机给矿量变化趋势。

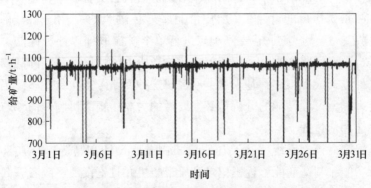

图 9-10　2019 年 3 月的球磨机给矿量变化情况

图 9-11 所示为 2019 年 3 月高压辊磨机运行间隙和偏斜的实际状况。

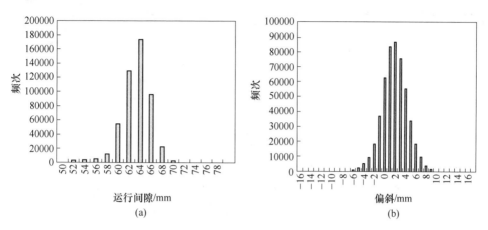

图 9-11　2019 年 3 月的平均辊子运行间隙（a）和偏斜(b)情况

辊子运行间隙稳定在 60~68mm 之间，高压辊磨机运行采用辊偏斜自动控制器控制，保持辊的偏斜安全远离 16mm 的临界点。偏斜控制回路自动调节在驱动端和非驱动端的辊子两边的挤压力以保证浮动辊尽可能地处于平行位置。

2019 年 3 月 Tropicana 只处理原生矿石，因此过程的比挤压力维持在接近于最大值，反映出来的能耗也是更高的，如图 9-12 所示。

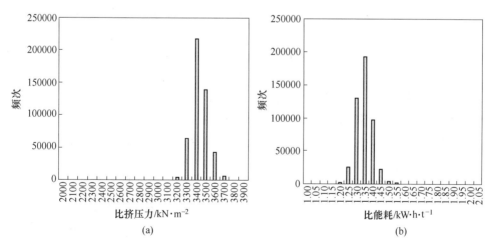

图 9-12　2019 年 3 月的比挤压力(a)和比能耗(b)分布情况

粉碎效果的评估考虑了现场的实际情况。如前所述，Tropicana 有一个应急矿堆，高压辊磨机总产品的一部分给到筛孔为 4mm 的干式振动筛，筛下产品给到应急矿堆，筛上产品返回到高压辊磨机产品皮带，然后经过高压辊磨机产品振动筛筛分后又返回到高压辊磨机。当评估粉碎效果时，只考虑了没有转运到应急矿堆时的运行状况，这就消除了潜在的误差，如图9-13所示。

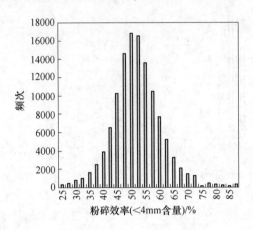

图 9-13 粉碎效果（<4mm 粒级含量）评估

9.5 高压辊磨机的维护

9.5.1 辊钉衬的耐磨性能

在 Tropicana 采用的辊钉衬的耐磨性能是工程设计期间讨论最多的问题，进行的耐磨试验为估计预期的辊钉衬寿命提供了合适的数据。根据制造商的计算，预期的耐磨寿命是负荷 8000h，合同的耐磨保证设定为负荷 6000h。

根据以往的经验，磨损速率最具挑战性的阶段为试车后的第一个月。在这个时期，制造商预计是在高频率的给矿量不足的条件下运行及高频率的选矿厂停车，此外操作者缺少经验也会影响磨损的问题。

高压辊磨机自动控制回路的启动是最优先的操作，它能够有助于消除人为的误差。图 9-14 所示为从 2013 年 10 月试车到 2015 年 1 月期间的磨损结果。

如同所预期的，第一个月的磨损速率与其他月份相比要高得多，一旦工艺稳定下来，磨损速率则为 1.6~1.7μm/kt。到 2014 年 9 月初，耐磨衬达到了保证的负荷 6000h，辊钉衬的状况仍然很好，到 2015 年 2 月，还仍在运行中的第一套衬已经超过了负荷 8000h。

图 9-15 所示为磨损均匀的辊钉及其之间存在着的自生耐磨层，其非常均匀和密实。图 9-16 所示为除掉自生耐磨层之后的衬，凸出的辊钉很均匀，凸出高度为 5~6mm。

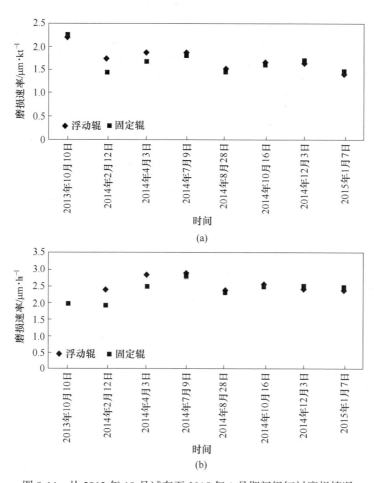

图 9-14　从 2013 年 10 月试车至 2015 年 1 月期间辊钉衬磨损情况

图 9-15　耐磨衬运行约 1000h 后的状况

图 9-16 耐磨衬运行约 8500h 后的状况

到 2019 年 4 月，高压辊磨机的第六套衬在运行中，表 9-10 为从 2013 年 10 月试车以来每套衬的耐磨寿命。

表 9-10 Tropicana 的辊钉衬磨损记录

耐磨衬序号	1	2	3	4	5	6
起始时间	2013 年 10 月 8 日	2015 年 6 月 16 日	2016 年 7 月 5 日	2017 年 3 月 20 日	2017 年 11 月 29 日	2018 年 12 月 3 日
终止时间	2015 年 6 月 16 日	2016 年 7 月 5 日	2017 年 3 月 20 日	2017 年 11 月 29 日	2018 年 12 月 3 日	运行中
服务天数/d	616	385	258	254	369	122
服务时间（负荷）/h	11689	7471	5386	5444	7704	2679
更换主要原因	磨损	过铁损坏	球磨机换衬	轴承损坏	轴承损坏	
提前更换时间/h	—	—	约 2000	约 2000	约 1500	

在 Tropicana，辊钉衬的耐磨性能波动非常大，与第三套和第四套衬相比，最初的辊钉衬寿命是它们的两倍。辊钉衬的更换经常是在经济方面的决定，最高的成本是选矿厂停车造成的效益损失。每套辊钉衬更换的原因如下：

（1）第一套辊钉衬一直保持到完全磨损，如图 9-17 所示；已经经历了长时间的磨损，在辊子上有很大的部分显示碳化钨辊钉已经完全磨损。

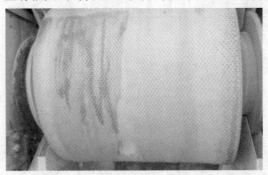

图 9-17 第一套辊钉衬在拆卸时的状况

（2）第二套耐磨衬在 2015 年 11 月（运行不到 3000h 时）经历了一次游离金属通过高压辊磨机。瞬间数百个辊钉碎裂（见图 9-18），现场评估了修复的可能性，如此大量的辊钉修复将会非常耗时，需要长时间的停车。因而决定继续运行，辊钉衬最终在 7 个月后拆卸，该套辊钉衬没有达到其最初预期的耐磨寿命。图 9-18 中，曲线标出之内的大部分辊钉碎裂，这些辊钉的长度比其他没碎裂的耐磨表面的辊钉约短 6mm。

图 9-18　辊钉衬在被游离金属损坏后的状况

（3）第三套耐磨衬是由于运行参数选择所导致的高磨损速率，因而在选矿厂停车为球磨机更换衬板期间过早地拆卸了。

（4）第四和第五套耐磨衬为运行参数选择所导致的高磨损速率，由于轴承故障而过早地拆卸了。

至 2019 年 4 月，第六套衬已经运行了近 2700h，状况很好。工艺参数的选择是合适的，该套衬预计能负荷运行超过 10000h。

9.5.2　辊钉的碎裂

除了第二套辊钉碎裂主要是由于游离金属导致之外，辊钉的碎裂是很小的。

在运行中辊钉碎裂还不是高压辊磨机停车维护的原因，损坏的辊钉是在每 12 周一次的选矿厂计划停车期间更换。在这些停车期间，高压辊磨机制造商负责进行磨损测定和辊钉衬检查。根据检查结果和运行时间，损坏的辊钉被标记以便更换：

（1）破损的辊钉（见图 9-19，辊钉尖断掉和辊钉干破损）及所有碎裂（碎片状）的边缘块被指定为优先更换或必须更换。

（2）碎裂的成组辊钉（并排一起超过 3 个）指定为第二优先更换，至少更换其中的一部分。

（3）单个的辊钉断裂，没有打碎，如果时间允许可以更换。

（4）有小的碎片迹象，不予更换。

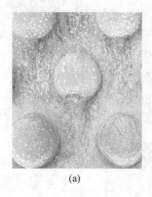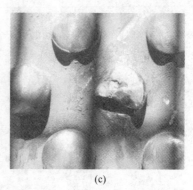

(a)   (b)   (c)

图 9-19 中心区域碎裂的辊钉实例

(a) 碎裂；(b) 顶部断裂；(c) 粉碎

在 Tropicana，停车就意味着重大的收益损失，因此，辊钉衬的修复必须尽可能快地完成；意味着一些碎裂的辊钉可以留在衬上，这是一种合理的风险。一般来说，检查能发现 0~10 个损坏的辊钉，需要引起注意。到 2019 年 4 月最坏的情况（不包括 2015 年 11 月的事故）是约 30 个碎裂的辊钉，其中约 10 个需要更换。

到 2019 年 4 月止，辊钉的碎裂已经非常少了。在刚开始运行时的前 2~3 个月，一些材质为碳化钨的边缘块被削成碎片，随后更换了约 15 块。边缘块的碎裂是由于与颊板边缘撞击造成的，调整后再没有发生过碎裂。

中心辊钉的碎裂也是非常少的，偶尔有个别辊钉削片或断裂。在到 2015 年 5 月共计 11000h 的运行中，检查发现有不到 30 个辊钉断裂或削片（整个衬有 38000 个碳化钨辊钉），一些辊钉是在选矿厂计划停车期间更换的。

在 11000h 的辊钉衬使用寿命中，从没有因为辊钉断裂或者需要紧急修补而必须进行的工艺停车。图 9-20 是中心部位的断裂、削片辊钉，以及在维护期间从耐磨衬上取下的辊钉图片。

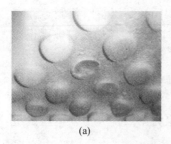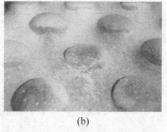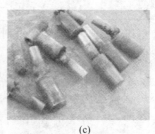

(a)   (b)   (c)

图 9-20 中心部位的断裂(a)、削片(b)辊钉以及
在维护期间从耐磨衬上取下的辊钉(c)图片

自试车开始到 2015 年 1 月，高压辊磨机的浮动辊与固定辊的磨损轮廓变化情况如图 9-21 所示。

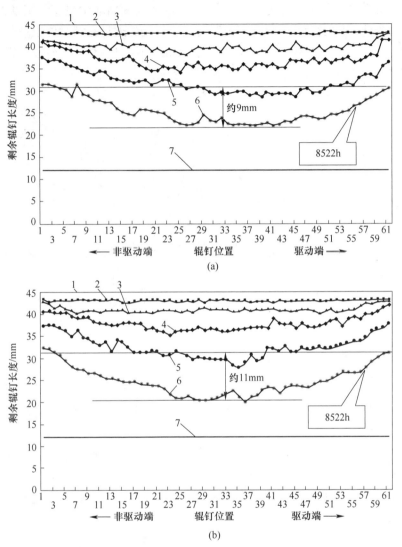

图 9-21　从开始到负荷 8500h 的辊面磨损轮廓过程

（a）浮动辊磨损记录；（b）固定辊磨损记录

1—起始；2—2013 年 12 月 10 日；3—2014 年 2 月 12 日；4—2014 年 4 月 3 日；

5—2014 年 8 月 28 日；6—2015 年 1 月 7 日；7—结束

9.5.3　辊胎偏斜控制

辊胎偏斜控制是作为最重要的参数进行控制的，如果这个回路的控制性能不好，当辊胎偏斜超过临界点时，会导致高压辊磨机紧急停车。

图 9-22 中所示的辊胎偏斜是根据高压辊磨机的驱动端和非驱动端之间的辊胎间隙差计算的。控制回路运行得非常好，过度的偏斜非常稀少。图 9-22 中显示在处理原生矿时辊胎偏斜的分布更宽，这个时期的运行是相对应于高压辊磨机第一套辊钉衬在超过 8000h 的负荷运行之后的磨损情况。在这个阶段，辊面衬形成了"浴缸"轮廓，在这种情况下偏斜控制更具有挑战性。

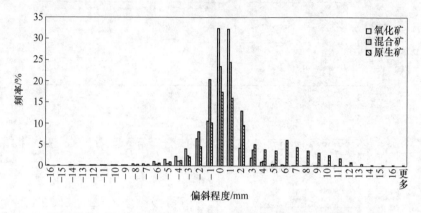

图 9-22　在处理不同矿石类型运行期间辊胎偏斜的控制

9.5.4　日常维护

在高压辊磨机运行前期，高压辊磨机的维护没有遇到任何主要的困难。大多数的维护和修理是在计划停车期间进行的，高压辊磨机非计划的跳闸保持在一个最小值。

在投产前期约一年半的时间内，日常维护遇到的主要修理问题是：

（1）轴承密封故障，在计划停车期间修理。

（2）辊胎收缩系统故障，在计划停车期间修复（导致在第一个月运行期间高压辊磨机停车）。

（3）减速机冷却水堵塞，在计划停车期间修复。

（4）一个主液压缸泄漏，由于铰链腐蚀，在计划停车期间开始修复，约 6h 后完成。

（5）铰接的架销腐蚀，铰接点缺少日常润滑导致销子卡住，架子打开极其困难。

（6）高压辊磨机驱动系统的一个变压器故障，导致选矿厂非计划停车，这与高压辊磨机没有直接关系，但这是制造商高压辊磨机设备供货的一部分，之后已修复。

在此期间内，高压辊磨机机械的可利用率高于 95%。

由于高压辊磨机及其所有部件在现场或现场之外的维护都是由制造商负责，更换耐磨辊胎及安装新的耐磨衬、修复轴承座及其部件、提供颊板的耐磨块。对辊胎的预热采用制造商开发的感应加热工艺（见图 9-23）。因此，从理论上讲，高压辊磨机的日常维护是一个相对简单的工艺，维护限制于：

（1）预防性维护访问（每 3~4 周），不需要高压辊磨机停车。

（2）每 12 周停车 48h 进行修理或更换损坏部件。

（3）主要的停车是辊胎更换。

图 9-23　Tropicana 利用制造商开发的感应加热工艺进行辊子维修

但是，在 Tropicana，如同在西澳洲的许多其他运行矿山一样，由于地下水质量的原因存在着严重的腐蚀问题，在现场新水的可用性是非常有限的。Tropicana 除了采用高盐的地下水用于所有的抑尘、设备冲洗等之外，没有其他选择，这就导致了严重的腐蚀问题。对腐蚀的防治及高压辊磨机部件的重新设计是一个持续的挑战，对每一个裸露的螺栓、铰链或缝隙都采取了防腐措施。高压辊磨机的某些部件已经用不锈钢代替以防止腐蚀。图 9-24 是使用约 11000h 之后的轴承滑轨的腐蚀状况，已用双层不锈钢取代了碳钢；图 9-25 是在蓄能器上再结晶的盐和轴承滑垫的腐蚀状况。

高盐水和高的环境温度的结合导致了在设备部件上不断增加的盐分，导致高压辊磨机设备支架、液压系统、轴承座和许多其他部件及周围结构的缝隙腐蚀，这是一个主要问题。

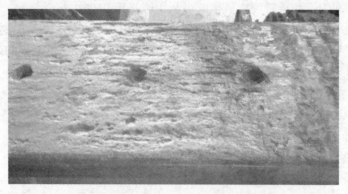

图 9-24 使用约 11000h 之后的轴承滑轨(碳钢)的腐蚀状况

图 9-25 在蓄能器上再结晶的盐和轴承滑垫的腐蚀状况

如同表 9-10 所给出的,在第四和第五套辊衬运行期间,Tropicana 经历了主轴承故障导致辊胎过早的拆卸,调查后得出的结论是盐水进入了轴承,导致轴承被腐蚀使润滑失效,随后发生灾难性的轴承故障。

9.6 结 论

Tropicana 选矿厂的建设开始于 2011 年第一季度,于 2013 年第三季度完成开始试车,设计处理能力在高压辊磨机试车之后的两个月之内达产,并一直保持下来。回路试车和选矿厂迅速达产是通过借鉴其他早期采用高压辊磨机回路得到的经验教训所取得的。碎磨回路能够成功运行的主要设计方面的结论总结如下:

(1) 第二段破碎机的设计必须有足够的闭路运行能力,以控制给到高压辊磨机的最大粒度。在第二段筛分和破碎机的能力设计上应当有足够的裕量以取得比高压辊磨机能接受的最大粒度更细的产品，可以允许筛子磨损。这是 Tropicana 回路成功的根本，在这里挤压力峰值和高度偏斜跳闸极其稀少。

（2）回路必须有足够的灵活性以旁通高压辊磨机保护辊子，这些设施在 Tropicana 的高压辊磨机回路广泛应用以应对给矿类型、旁通过湿的给矿和除去游离金属。这也最大程度降低了辊钉破损，保护了高压辊磨机的自生耐磨层。

（3）高压辊磨机回路和球磨机回路之间的有效运转率差异在选矿厂的设计时必须考虑，以保证能够达到设计的处理能力。高压辊磨机需要停车检查、辊钉更换和溜槽修复。堆存高压辊磨机破碎产品的能力已经使磨矿回路年平均达到了设计的有效运转率。当然，设计的有效运转率不是每个月都能达到，这是因为在磨机的上游经历了比预期更长的停车时间，特别是与第二段破碎作业缓冲矿仓和给矿机的维护有关。

（4）建议对辊的运行状况进行实时监测以防止难以修复的事件发生。每周检查辊钉的断裂情况并进行记录，在有机会停车维护期间进行更换。为了防止损坏燕尾槽和避免大量的修理，在试车之后立即更换了碳化钨边缘块，这个已经使得所有的辊钉在辊子试车之后超过 10000h 的运行下仍然完好，这样辊子的寿命已经比预期长得多。在可行性研究中辊子的寿命估计为 7500h/套。

（5）高压辊磨机产品湿式筛分的设计要有足够的脱水能力，考虑部分堵塞，以保证在筛分之前有足够的打散能力。在 Tropicana，这些因素已经不是问题，允许筛孔可以降低以平衡磨矿回路和高压辊磨机回路。带式输送机的设计必须匹配筛分和高压辊磨机的全部能力，以保证选矿厂大多数的设备能够全部利用。

（6）高压辊磨机产品筛分浆化箱的设计对保证水的有效利用，防止水漫下游回路是非常重要的，也提供了有效的浆化作用。水平衡的控制是很重要的，因为过量的水会影响旋流器的性能。

（7）磨矿回路的控制必须平衡高压辊磨机产品筛分和磨机分级回路对水量需求的矛盾，建议磨机处理能力利用在线粒度分析系统自动调节，以促进在所需的磨矿粒度下最大的处理能力。为了达到控制和运行的目的，瞬时处理能力可以采用在高压辊磨机产品筛分给矿皮带上的称重仪测定。

（8）作为额外的效益，更细的磨机给矿粒度得到了非常稳定的磨矿回路，也减轻了对高成本衬板系统的需求。最佳的磨矿介质规格相对小，导致磨机衬板服务寿命更长。

在将来的高压辊磨机回路设计中，下列方面需要进一步地考虑：

（1）高压辊磨机挤满给矿控制回路应当根据称重传感器与在高压辊磨机给矿溜槽中的料位传感器结合使用。

（2）如果第二段采用运行/备用的运行模式，选择的设备布置必须适合于保证这种模式能够运行；或者是，设计中在第二段破碎机和高压辊磨机回路之间应当有足够的缓冲能力，如矿堆。Tropicana已经修改了在高压辊磨机产品振动筛筛上物料带式输送机上的游离金属清除系统，使得当第二段破碎机离线时，有一个额外的矿堆给矿到高压辊磨机。

（3）对大型高压辊磨机回路中的球磨机设计，不应当因为采用高压辊磨机进行给矿准备而降低磨矿的功率输出，特别是对大型的球磨机。Tropicana出于设计目的，给出的证据没有任何能耗效益。

参 考 文 献

[1] Gardula A, Das D, DiTrento M, et al. First year of operation of HPGR at Tropicana gold mine—Case study [C]//Klein B, McLeod K, Roufail R, et al. International Semi-Autogenous Grinding and High Pressure Grinding Roll Technology 2015, Vancouver: CIM, 2015: 69.

[2] Kock F, Siddall L, Lovatt I, et al. Rapid ramp-up of the Tropicana HPGR circuit [C]//Klein B, McLeod K, Roufail R, et al. International Semi-Autogenous Grinding and High Pressure Grinding Roll Technology 2015, Vancouver: CIM, 2015: 70.

[3] Gardula A, Das D, Viljocn J, et al. HPGR at Tropicana gold mine—Case study [C]//Department of Mining Engineering University of British Columbia, SAG 2019, Vancouver, 2019: 24.

利君股份（股票代码：002651）

LEEJUN

公司简介 ⋘

　　成都利君实业股份有限公司（股票代码：002651），创立于1999年，总部位于中国西部之心——成都，是一家专注于物料粉磨和分选技术领域研究与应用的高新技术企业，业务覆盖国内外水泥建材、冶金矿山、化工等领域，可以为客户提供专业化、定制化的系统解决方案。

　　多年来利君凭借技术精湛的工程师团队、雄厚的技术经验积累、完善的管理体系、个性化的解决方案、全面的产品体系配套、完善的售后服务享誉海内外。

生产基地 《《《

利君已建成业内世界一流水平，集专业化、标准化、规模化为一体的辊压机/高压辊磨机成套设备专业化生产制造基地，拥有业内先进的辊压机装取套工艺、辊轴修复工艺及耐磨材料制作工艺，具备年产100台（套）大型辊压机/高压辊磨机及成套设备的生产能力。

产品优势 《《《

（1）降耗提产效应好。利君高压辊磨机兼具高效稳定和节能环保的优点，能大幅降低生产电耗、钢耗，提高产品的回收率，同时运行稳定，是金属矿山、钢厂冶金、水泥建材等行业节能降耗、增效提产的关键设备。

（2）智能化水平高。利君高压辊磨机通过加载自主研发的智能控制系统，可实现离线或者在线设备运行监控与诊断，对电机、轴承、减速机等关键部件建立运行监控和预防诊断，实时了解和掌握系统运行状况，实现系统设备智能化控制管理。

（3）耐磨技术、液压技术、自动纠偏技术领先。产品寿命和运行稳定性高。

（4）产品序列齐全。丰富的产品序列，截至目前，利君已拥有12个系列，60多种型号的辊压机/高压辊磨机产品，其中最大辊子型号直径为2600mm系列，可以全方位覆盖客户的不同需求。

（5）建设成本低。利君专利的产品结构与安装方式，显著降低业主建设投资成本，也极大地降低了后续的检修、维护难度。

（6）技术支持强。利君强大的技术支持及售后市场服务团队可以在全国范围内快速响应客户需求，为客户稳定生产提供有力技术保障和配件支持。

Tel: 028-85366559   028-85365319   E-mail: yjksscb@cdleejun.com

网址: www.cdleejun.com